清代河務檔案

QINGDAI HEWU DANG'AN

《清代河務檔案》編寫組 編

6

广西师范大学出版社
GUANGXI NORMAL UNIVERSITY PRESS
·桂林·

第六册目録

河東河道總督奏事摺底（四）

奏為查明咸豐十一年正月分各湖存水尺寸謹
繕清单仰祈
聖鑒事竊照嘉慶十九年六月内欽奉
上
諭湖水所收尺寸每月查開清单具奏一次等因欽
此所有上年十二月分湖水尺寸業經臣　繕单

奏報在案茲據運河道敬和將本年正月分各湖
存水尺寸開摺具稟前來臣查微山湖定誌收
水在一丈四尺以内因豊工漫水灌注量驗湖
底積受新淤恐不敷濟運經前河臣李 會同
前山東撫臣崇 奏奉
上諭加收一尺以誌樁存水一丈五尺爲度上年十

二月分存水一丈四尺三寸本年正月内消水
三寸實存水一丈四尺較十年正月水大一尺
七寸五分此外南旺一湖消水二分馬塲馬踏
二湖長水一寸二分及二寸二分其昭陽南陽
獨山蜀山四湖均水無消長計昭陽湖存水四
尺南陽湖存水二尺八寸南旺湖存水五尺三

寸三分獨山湖存水五尺二寸馬場湖存水五
尺二寸二分蜀山湖存水七尺二寸六分馬踏
湖存水六寸八分以上各湖存水除南陽獨山
馬場三湖比上年正月水大一寸及二寸並一
尺二分外餘俱較小自一寸至四尺五寸二分
不等查皖捻不時竄擾東境濟甯一帶全賴兩岸

各湖之水宣放灌注運河及牛頭河以禦賊踪
較之從前專備濟運者尤為緊要必須隨時設
法收蓄相機節宣方免短絀虛耗前於逆捻南
竄後即飭令將北路各閘加下嚴板一面疏通
進水入湖之路以備大雨時行廣籌收納庶湖
水充盈宣用可期裕如 臣 當督飭道廳妥慎經

理斷不敢稍任忽悮以仰副
聖主重瀦衛民之至意所有正月分各湖存水尺寸
謹繕清单恭摺具
奏伏乞
皇上聖鑒謹
奏

咸豐十一年五月十四日具
奏於六月十八日奉到
硃批知道了欽此

謹將咸豐十一年正月分各湖存水寔在尺寸

逐一開明恭呈

御覽

運河西岸自南而北四湖水深尺寸

一微山湖以誌樁水深一丈二尺為度先因湖

底淤墊三尺不敷濟運奏明收符定誌在一

丈四尺以内又因豐工漫水灌注量驗湖底

復受新淤二尺七寸奏奉

上諭加收一尺以誌樁存水一丈五尺為度上年十

二月分存水一丈四尺三寸本年正月内消

水三寸寔存水一丈四尺較十年正月水大

一尺七寸五分

一昭陽湖上年十二月分存水四尺本年正月內水無消長仍存水四尺較十年正月水小一寸

一南陽湖上年十二月分存水二尺八寸本年正月內水無消長仍存水二尺八寸較十年正月水大一寸

一南旺湖上年十二月分存水五尺三寸五分
本年正月内消水二分寔存水五尺三寸三
分較十年正月水小一寸九分
運河東岸自南而北四湖水深尺寸
一獨山湖上年十二月分存水五尺二寸本年
正月内水無消長仍存水五尺二寸較十年

正月水大二寸
一馬場湖上年十二月分存水五尺一寸本年
正月内長水一寸二分寔存水五尺二寸二
分較十年正月水大一尺二分
一蜀山湖定誌收水一丈一尺為度上年十二
月分存水七尺二寸六分本年正月内水無

消長仍存水七尺二寸六分較十年正月水
小一尺一寸九分

一馬踏湖上年十二月分存水四寸六分本年
正月内長水二寸二分寔存水六寸八分較
十年正月水小四尺五寸二分

奏為遵
旨將豫省黃河防查渡口事宜移交
欽差聯　管理所有連年防渡出力人員可否擇尤
　酌保以示鼓勵恭摺仰祈
聖鑒事竊臣前奏黃河兩岸各渡口稽防委員遇有

更調應否統歸聯　遴委一片於三月二十五
日接准户部咨恭奉
上諭黃　奏豫省黃河防查渡口應否歸聯捷經
理等語直隸大順廣道聯捷現派專辦防河事務
所有豫省黃河各渡口防查事宜均著歸該道管
理南北兩岸渡口原派委員遇有更調即由聯捷

遴委以專責成黃　　著專管修守工程毋庸兼
管防河事務欽此當即欽遵將各渡口委員及兩
岸總巡道府各職名逐細開列移送聯捷接管
溯查巡防河岸於咸豐三年經前河臣長臻隨
帶河標官兵二百一十員名駐紮柳園口上下
巡查嗣因軍需局支絀未能按月發給口糧復

經前河臣李鈞奏請全行裁撤歸伍以節糜費
即以沿河各州縣所募練勇作為防河之勇由
河臣查點調派臣到任後亦即接管現在稽防
河岸事務悉歸聯捷管理所有各州縣防河練
勇應請統歸聯捷點驗以一事權惟稽防各渡
口出力委員經臣於上年霜降安瀾摺內聲明

未敢歲歲請保俱存記俟來年察看擇其始終
奮勉者核寔奏乞
鴻慈恭奉
硃批覽奏均悉本年搶險防渡出力各員著暫行存
記俟明歲秋汛安瀾後再為察看欽此欽遵在案
除防汛搶險出力各員仍俟本年秋汛安瀾後

再為察看外其稽防各渡口 委員現歸聯捷遴
委不無更換其經 臣 原派各委員自咸豐九年
霜降後至今已近兩載連年皖捻垂涎河朔時思
北竄上冬積雪較厚該員等於嚴寒凜冽之中
住宿河干蓆棚晝夜防範不辭勞瘁寔屬備嘗
辛苦自孟津以下蘭儀以上數百里豫省黃河

始終未經該匪偷渡寔係該委員等小心稽查
寔力嚴防之效並臣行營隨員或委探軍情
或稽查練勇始終勤奮亦未便沒其微勞可否
擇其尤為出力者由臣酌保數員以示鼓勵而
昭激勸之處出自
皇上逾格鴻慈非微臣所未敢擅便為此恭摺具

奏伏乞
聖鑒訓示遵行謹
奏
咸豐十一年五月十四日具
奏於六月十八日奉到
硃批另有旨欽此

咸豐十一年七月十五日准
吏部咨内閣抄出咸豐十一年六月初五日奉
上諭黄　奏遵旨移交防河事宜並出力人員可
否酌保鼓勵一摺河南黄河防守事宜現經歸聯
捷管理所有各州縣防河練勇即著統歸聯捷點
驗黄　原派委員巡查河岸時閲兩年著准其

酌保數員奏請獎叙毋許冒濫欽此

再接准部咨以臣前奏豫省蘭儀以下乾河各
廳擬請飭令會同地方官丈量舊河灘地開墾
招民耕種升科以裨經費並以營弁改作操防
而重地方一摺遵
旨妥議核准具奏恭奉
硃批乾河各營員弁兵丁著即行裁撤毋庸再行察

看情形其一切関涉營制事宜均毋庸議現任實
缺營弁暨精壯兵丁應如何補缺入伍之處著該
河督會同廵撫妥擬具奏餘依議欽此欽遵伏查
地方營制臣衙門無案可稽奉裁乾河實缺營
弁暨精壯兵丁如何補缺入伍已咨商撫臣嚴
行司核議俟覆到再行會同妥擬具

奏至舊河開墾升科必須斟酌萬全妥慎辦理尤
賴地方官呼應較靈廳汛方能協同勘丈分別
沙淤以免影射之弊其灘民先已分種而未納
課者并須善為勸諭升科庶無擾於民而有益
於公非急切所能勘辦臣現遵
旨專管修守工程已將防河事宜移交

欽
差聯　管理開墾升科一事儘可從容籌畫前月
撫臣督師出省時亦函邀臣移駐省垣以便就
近商辦臣即於四月二十七日由北岸移駐汴
梁俾可隨時與撫臣和衷熟商悉心料理總期
於經費有資而於閭閻無害庶可行之久遠俟
交伏汛臣仍赴工周歷兩岸往來巡防督飭修

守理合附片陳明謹

奏

咸豐十一年五月十四日附

奏於六月十八日奉到

硃批知道了欽此

奏為河標副将員鈌緊要專摺奏請陞補以重捻
防仰祈
聖鑒事竊臣接准兵部咨恭奉
上諭江南徐州鎮總兵著詹啟綸補授即赴新任欽
此除将該員陞補總兵之處註冊外其所遺河

東河標中軍副將員缺係題補之缺行令照例
題補等因遵查河標副將一缺為四營表率駐
劄濟甯州該處為水陸衝衢東省門户近因皖
捻不時竄擾東境時有覬覦濟甯之意是以上年
九月及本年春夏之間屢次攻撲土圩全賴將
備得力方能率領民團練勇守禦無虞非久歷

戎行熟悉防剿機宜者不克勝任尤非從前專
事巡查彈壓者可比 臣 標祇有參將一員左營
參將黃得魁甫經陞補無可扣俸雖本標無合
例之人例准於撫鎮各標內揀員陞調而得力撫鎮
各標官賢否臣未能周知
之將現俱從事軍營未必即能陞調惟查黃得
魁現年三十一歲河南汝州魯山縣人營伍出

身隨營打仗節次殺賊立功攻破搶[illegible]克復地
方城池經領兵各大臣先後保奏由千總荐陞
叅將並蒙
賞戴藍翎
賞換戴花翎
欽賞加勇號該將剿賊勇往營務諳練賞罰平允深得

兵士之心以之陞補河標中軍副将實堪勝任
雖該員甫陞叅将尚未到任今又請陞副将與
例稍有未符而人地相需例得專摺奏請況黃
得魁係奉
旨以副将陞用先換頂戴之員合無仰懇
天恩俯念濟甯防剿捻匪緊要准以叅将黃得魁陞

補河標中軍副將洵於營務有裨如蒙
俞允該將現經勝保調營帶兵剿賊應請俟軍務稍
靖再行給咨送部引
見合併陳明為此恭摺具
奏伏乞
皇上聖鑒訓示謹

奏

咸豐十一年五月十四日具

奏於六月十八日奉到

硃批兵部議奏欽此

同治元年二月十八日准
兵部咨為行文事武選司案呈內閣抄出本部
具奏前事一案相應抄单知照河督可也計連
单一紙內開議覆荆州將軍都　片奏廣西義
甯協副將缺以山東德州營叅將蔣臨照擬補
所遺叅將缺以儘先叅將甘肅提標左營遊擊

刁經明擬補又河東河標中軍副將缺以儘先
副將廣西左江鎮標右營都司馬占葵擬補又
山東兗州鎮標中營遊擊缺以儘先遊擊直隸
蔚州路都司全升高遷補均係隔省請升可否
准其升補恭候
欽定如奏

旨准升由臣部先給署劄俟軍務告竣即行給咨送
部引
見再河東河標中軍副將一缺現於六月初五日又
據河東河道總督黃　奏請以左營叅將黃
得魁升補亦交臣部議奏臣等查此缺荊州將
軍都興阿奏補在前河道總督黃　奏補在

後知奉
旨准以都興阿所奏之儘先副將廣西左江鎮標右
營都司馬占葵升補是缺該河督所請應毋庸
議理合附片謹
奏咸豐十一年八月初五日發報具奏初八日奉
旨依議欽此知照該河督可也

再據運河道敬和轉據捕河通判曹文振東平
州知州王錫麟先後稟稱該州管河州判吳琦
衙署向設安山北岸該員帶勇禦賊素稱得力
本年二月初二三日逆捻北竄在河口堵禦親
放鳥鎗打落執旂賊目賊衆遂退不料初四日
申刻逆捻由沈家口搶渡運河戌刻大股竄至

衆寡不敵該州判巷戰受傷尚能手刃數賊力
竭陣亡衙署案卷燒燬該州判之孫女大姑年
甫十六同時遇害懇請
奏卹前來　臣查東平州判吳琦在任多年辦事老
練以管河文員能帶勇禦賊寔屬深明大義茲
因賊衆我寡力竭被害殊堪憫惻非尋常陣亡

者可比仰懇
天恩勅部將該州判吳琦從優議卹以慰忠魂為此附
片奏請伏乞
聖鑒訓示謹
奏
咸豐十一年五月十四日附

奏於六月十八日奉到

硃批另有旨欽此

咸豐十一年七月十五日准
兵部咨內閣抄出咸豐十一年六月初五日奉
上諭黃　　奏請將陣亡州判優卹等語本年二月
間捻匪搶渡運河山東東平州管河州判吳琦率
勇巷戰手刃數賊力竭陣亡殊堪憫惻吳琦著交
部從優議卹其孫女大姑同時遇害並著給予旌

表欽此

奏為伏前河水節長兩岸各工廂護平穩大汛已
交現在督飭慎防恭摺具陳仰祈
聖鑒事竊照黃河修守最重伏秋而長水之遲早來
源之旺弱以及工程之平險均難預定本年春
夏之間黃河底水落枯測以盈虛之理並詢據

在工年老弁兵僉云底水一枯伏秋長水必旺
伏念上游黃河不獨攔禦皖捻為北省藩籬民
生
國計攸關且保衛完善各州縣以重財賦餉需至
為緊要惟司庫支絀撥款不寬當水長工險安
危繫於呼吸之時設錢粮不能應手搶辦致有

貽悞所關非細每一思之實深惴惴現惟諄催
藩司赶緊籌款撥發以資大汎備防先據陝州
呈報萬錦灘黃河於五月十九日未時長水三
尺三寸六月初四日午時並初八日戌時兩次
復長水七尺四寸黃沁廳呈報武陟沁河於五
月十四日卯時長水一尺八寸六月初三日卯

已午三時三次共長水九尺五寸當初三四日沁黃並漲之時下注猛驟各廳先後報長水三四尺餘寸不等雖河身尚資容納而黃河水性就湾溜趋靡定舊有埽工向係臨黃者先於春間擇其卑矮之段加廂高整用資抵禦其淤閉之工一經刷出滙凈必須赶緊廂補方能保護

堤埧仍飭於慎重工程之中力求撙節不准絲
毫虛糜所有各廳報廂之工俟臣親勘驗明後
再行彙
奏以昭核實至各廳歲料前因道廳無力再行挪
措墊辦是以至三四月間司庫撥有款項始行
設廠採購當经臣與開歸河北二道督飭星夜

趲辦以速補遲均於伏汛前一律辦竣現在接
購防料仍不容遲緩其磚石二項亦已分投採
運堆儲要工并有已報堆齊者 臣 當親往查驗
如果司庫錢粮能源源接濟修防料物原可隨
買隨用不致短缺 臣 惟有竭盡心力不憚繁瑣
不時面催藩司籌撥撫 臣 嚴 雖遠在歸陳

亦時以河工為念節次函囑藩司邊浴禮應發
修防錢粮斷不可掣肘以保全局大汛已交正
巡防修守吃緊之候臣當督飭道廳實力經理
斷不敢一時一事稍有懈忽其無工之處已由
道派委候補人員分赴各廳劃段巡查臣并委
由南河改往東河學習之户部主事蕭彥申候

補道宗稷辰前赴兩岸巡防以昭周密臣發摺
後即出省上工周歷各廳往來督防大汛另容
將勘工情形次第具
奏所有伏前長水廂工緣由理合恭摺具陳伏乞
皇上聖鑒謹
奏

咸豐十一年六月十五日具

奏於八月初九日奉到

軍機處贊襄政務王大臣奉

旨知道了欽此

再查東省運河兩岸各湖水勢長消尺寸向係
每月由廳報道由道彙稟臣衙門核繕清單具
奏本年春間先因皖捻竄擾東境於運河上下往
來搶渡迨夏間各處教匪會匪蠢動到處蔓延
雖經
欽差郡王僧　及勝　分投督兵勦辦而股數

較多一時尚難撲盡不獨山東之路處處有阻

即臣濟署包封來工亦往往耽延十餘日

以二三四五月湖水尺寸尚未據運河道按月

稟報無憑核

奏如果再有耽延祇可將湖水尺寸併案奏報合

先附片陳明謹

奏
咸豐十一年五[六]月十五日附
奏於八月初九日奉到
軍機處贊襄政務王大臣奉
旨知道了欽此

奏為京員學習期滿於河務不甚相宜請仍回原
衙門供職恭摺具
奏仰祈
聖鑒事竊照道光十二年十月內接准部咨恭奉
上諭京員揀發河工隨同該河督等專心學習估工查

料及一切疏濬堵築各事宜俾資歷練其有謬妄滋
事者據實劾叅其黽勉勤慎尚堪造就者二年差竣
著該河督出具切實考語送部引見候旨録用其不
諳河務者准其仍回本任欽此欽遵在案茲查詹事
府洗馬伍忠阿翰林院編修童福承於咸豐九
年正月保送河工學習奉

旨著發往東河差遣委用欽此於是年三月初五日
到工先經前河臣李　派赴運河會同道廳講
求疏濬挑築收水催備各事宜迨臣到任後復
隨時委令周歷黃河兩岸巡防大汛並查勘工
程料物各該員均能不辭勞瘁認真學習在工
倍著慎勤並無謬妄滋事之處除伍忠阿一員

先於上年夏間蒙
恩陞補左庶子旋經吏部奏明回京供職外其翰林
院編修童福承一員曾於九年八月請假回籍
就醫疾於是年十一月內回工茲連閏計算除去
假期已屆二年期滿查該員才識明敏辦事精
細凡奉差委實心經理毫不苟且惟於河務不

甚相宜未能盡其所長該員在翰林院衙門資
俸已深應請仍令回原衙門供職俾可及時自
効除咨明吏部外為此恭摺具
奏伏乞
皇上聖鑒謹
奏

咸豐十一年六月十五日具
奏於八月初九日奉到
軍機處贊襄政務王大臣奉
旨知道了欽此

奏爲遵
旨查明堪膺道府人員出具切寔考語秉公保薦恭
摺仰祈
聖鑒事竊臣接准吏部咨咸豐十一年三月初四日
恭奉

上諭現在各省軍務未竣亟應簡拔人才講求吏治以期康保小民俾無失所各該督撫於所屬各員平日立品居官知之有素著擇其廉潔自愛任事實心及素著循聲民情愛戴堪勝道府者臚列政績出具切寔考語酌保數員候旨簡用其道員及州縣各官如有出色之員著一併核寔保奏倘所

保之人查有貪污劣蹟或名實不符朕惟該督撫
是問其各力除積習秉公保薦毋得瞻徇情面任
令屬員夤緣倖進以副朕知人安民至意欽此跪
讀之下仰見
聖主念切民依選拔真才之至意欽感難名伏念民
為邦本~~當此~~現在各省軍務未竣專賴固結民心方

能靖内患而禦外侮并須藉民團練勇以濟兵力之不足地方州縣固為親民之官果能廉潔自持保民如保赤子民情定必愛戴而尤須該管道府督率有方使官民聯為一氣不但遇有警報集團堵禦呼應較靈即平時各保疆圉寇賊自不敢窺伺查河工人員雖專事修防而連

年皖捻竄擾豫境近來河北及直東各處土匪
又復肆起其實有厪念民瘼不分畛域會同地
方官催勇堵禦保衛無虞為民情素所悅服以
及平日留心吏治講求政務者亦不敢壅於上
聞除署開歸道王憲河北道王榮第已由撫臣嚴
保薦外茲查有河南知府用上南河同知德

鈞現年六十二歲正黃旗舉人由兵部堂主事
保送河工學習期滿留工以同知用歷署泇河
運河蘭儀下北各同知實授上南河同知多年
曾於咸豐三年隨前漕臣福　赴廬州防勦出
力奏蒙
恩旨賞戴花翎欽此九年霜降安瀾經臣奏保防汛

出力人員案內恭奉
上諭上南同知德鈞著以河南知府用欽此該員才
識明敏歷練老成每遇捻匪擾及鄭州中牟縣
境均隨時協同勸諭附近各村庄集團堵禦因
其平日愛民如子無不齊心樂從所以克保無
虞臣屢於接見時詢以地方政事亦甚明晰又

候補道祥河同知陳兆觀現年五十六歲江蘇
監生報捐通判投効東河捐升同知補授祥河
同知咸豐三年防守汴省西南城隅出力經前
撫臣陸　保奏奉
旨著賞戴花翎欽此嗣又捐輸東河經費奉部奏准
以道員不論雙單月在任候選復於七年十一

月經前河臣李　保
奏防河出力奉
旨著以道員歸候補班在任候補欽此該員宅心慈
惠辦事認真在任多年民情極為愛戴故於咸
豐三年分髮逆竄擾豫疆時帶勇禦賊附近村
莊無不效命其祥河廳署駐劄北岸陳橋鎮南

扼蘭儀渡口該員每值皖匪竄近會督委員練勇實力防堵盤詰奸細始終不懈北與直東連界該員隨時鼓勵民團協同地方官堵禦土匪辦理亦協機宜其於地方政事素所講求以上二員堪膺道府之任理合據實專摺保薦是否有當伏乞

皇上聖鑒訓示謹
奏
咸豐十一年六月十五日具
奏八月初九日奉到
軍機處贊襄政務王大臣奉
旨吏部知道欽此

廂批覽

奏為黃河水勢盛漲已消各廳險工搶辦平穩恭
報伏汛安瀾現仍督飭慎防秋汛繕摺具陳仰
祈
聖鑒事竊照伏前河水節長廂護各工情形臣於六
月十五日具

奏後本定十八日起身前赴黃河兩岸周歷督防
因疊接各州縣稟報東省曹州府屬會匪竄入
豫境分股已至陳留縣距省僅四五十里當經
在陳州大營東稜
督同司道籌辦防堵並准撫臣嚴浴民及
連次來函諄囑臣不必出省賊匪既近省垣根
本重地或調集兵勇巡城或酌派馬步隊出省

堵剩就近商同司道辦理不為遙制等情 臣未
便拘泥是以暫緩赴工所有派撥兵勇出省剿
匪情形已於另片陳明 臣一面布置一面飭令
開歸道德蔭河北道王榮第各於所管隄岸上
下往來督飭各廳營勤慎巡防先將已辦到工
料物磚石查驗以備搶工動用並節據陝州呈報

萬錦灘黃河於六月十六二十二並二十六日
三次共長水一丈一尺三寸黃沁廳呈報武陟
沁河於六月十九日卯時及二十二日自卯至巳
並二十五日自卯至午及未時四
兩次共長水四尺六寸且自十八日以後連朝
陰霾晝夜陣雨傾盆勢甚廣遠上游通黃各河
之水莫不滙流下注以致各廳水誌有數時之

間驟長四五尺者有兩三日之內積長六七尺者大溜奔騰勢若排山臨黄埽垻固多蟄塌其淤閉之工立將存灘刷去舊埽滙淨潰及隄垻各廳紛紛報險幸歲料均於汛前堆齊添料磚石亦俱將次辦竣上次司庫撥款到道已將防險夫工酌量發廳易錢儲備尚資搶廂拋護其

工多之處并調乾河廳員前往幫同廂辦臣每於各廳稟內批令相機撙節辦理應用者固不可稍事拘泥當省者亦不可藉工虛糜并諄諭各道廳處處親勘稽查凡廂拋埽壩之料石磚塊必須以現存核用方能杜其虛揑所有各該廳報廂之工先據開歸道驗明業經辦竣段落具稟前來

謹彙繕另片恭呈
御覽其河北道因有大河之隔文報未能迅速尚未
據驗稟容再續奏現在長水已報見消兩岸險
工搶辦平穩節交立秋伏汛安瀾堪以仰慰
聖懷惟秋汛為日正長向來防秋甚於防伏且查上
年伏汛期內萬錦灘未報長水本年已報長多

次來源較旺可知而兩岸長隄因經費支絀多
年未曾請項估計增培每歲專恃磚石埽垻保
護修守倍應慎重一面諄催藩司撥款接濟其
各廳料物用多存少仍須酌量添辦以資儲備
總期無枉費之工無妄用之費事事核實撙節
斷不任絲毫浮冒　臣俟探明睢州甯陵境內之

賊不致同竄即行出省上隄周歷兩岸巡防將
已竣之工尚須覆驗現廂之埽尤應親勘并稽
察協防委員勤惰各廳營廂修工程是否合宜
另容具
奏所有伏汎安瀾現仍督飭慎防秋汎緣由理合
恭摺具陳伏乞

皇上聖鑒謹
奏
咸豐十一年七月初三日具
奏於九月初八日奉到
軍機處贊襄政務王大臣奉
旨知道了欽此

再交伏前後兩岸各廳報廂之工先飭開歸河北二道親往勘驗除北岸工段尚未據河北道王榮第驗稟容隨後再行核

奏外其南岸已竣各工據開歸道德蔭驗明具稟前來臣覆核屬實係上南河廳鄭州上汛頭堡邵家寨頭壩埽工六段内頭二埽均分上下段

二垻埽工五段内五埽分上下段俱係咸豐十
年緩修之工河水驟漲大溜湧注各該埽朽底
墊續滙淨照段補還新埽十四段中河廳中牟
下汛十堡上段順隄八埽起至二十五埽止本
係停修舊工埽底搁朽水長溜逼先後滙盡次
第補廂新埽十八段下南河廳祥符上汛十九

堡蓋埧新頭埽上首護崖埽五段二十一堡新
二埧埽工二段又新三埧埽工三段均係咸豐
九年緩修底料朽腐経河水疊長猛溜淘刷朽
底陸續塌淨分投照段搶補新埽十段又該廳
祥符下汛三十四堡起至三十八堡下交界止大
堤土性沙鬆北面灘唇高仰堤根窪下每遇河

水盛漲出槽串漫停蓄乘風鼓盪撞擊堪虞各該堡堤北舊有防風埽段朽腐無存察看情形必須補廂方資捍衛計補廂防風埽工六段共長一千七十四丈以上各工辦理俱屬合宜抵御汛漲甚為得力其餘卑矮埽段亦皆加廂高整足資保衛理合附片陳明謹

奏
咸豐十一年七月初三日附
奏於九月初八日奉
旨知道了欽此

奏為循照酌減數目請添黃河秋汛防險銀兩以
濟工需而資修守恭摺具
奏仰祈
聖鑒事竊照嘉慶二十一年陞任河南撫臣方受疇
奏奉

上諭豫省河工每年於藩庫地丁內撥銀三十萬兩以
為搶險之用仍照向例儲備其臨時添撥銀兩若於
具奏後給領實恐緩不濟急嗣後如遇歲定搶險銀
三十萬兩將次用完著該河督察看情形應須添撥
若干會同該撫核明一面具奏一面行司提取備用
俟霜後如有餘存仍奏明歸還原款核實報銷等因

欽此欽遵在案嗣後每逢伏秋大汛歷任河臣
奏請添撥銀三十萬兩迨道光十一年以後酌
減銀數每年請添撥銀二十五萬兩咸豐三四
兩年因錢粮支絀又經前河臣再減銀五萬兩
請添銀二十萬兩均蒙
恩准前數年因下游各廳工程停辦經前河臣李

酌緩銀十萬兩減請銀十萬兩近年臣詳勘各
廳險工歷查案卷此項防險銀款自三十萬兩
遞減至十萬兩實不能再減循照奏請仰蒙
敕部議准上秋并遵照部議體察情形實在有險當
防咨商撫臣通融辦理由司撥發應用各在案
伏查黃河修守最重安瀾現雖祇有上游七廳

而皖捻時思北竄實恃黃河以資攔截且保衛
完善各州縣以重賦稅餉需均關至緊至要當
大汛期內每經來源長水奔騰下注大溜所到
之處塌埽潰堤專賴料物錢粮應手搶護方保
無虞設有短缺致滋貽悞全局即不能補救孰
輕孰重須通盤策畫是河工修費斷不可不兼

籌並顧臣深知度支不易隨時督飭道廳可省
即省但可緩者自當力求撙節而應用者亦不
敢稍事拘泥所有司庫例撥防險銀兩業經陸
續支發秋汛正長各廳前辦稭麻磚石伏汛前
後節次廂拋埽壩現俱用多存少必須趕緊添
辦其秋撥一項已遞減至十萬兩且係三銀七

鈔較之從前全撥現銀者所省尤多據開歸河
北二道具詳請添前來臣覆加察核應請仍照
歷屆酌減數目添撥秋汛防險銀十萬兩以濟
工需而資修守仰懇
天恩俯念河防關係至重如數准添俾免貽悞恭候
命下臣即行司撥照三銀七鈔撥交開歸河北二道

撙節支放臣仍當核實稽查不任絲毫浮冒其至
黃河捐輸雖未截止而款係三銀七鈔報捐
須七銀三鈔較之豫省現辦鈔票捐輸多寡大相懸殊是以捐生裹足並無遞
呈上兌之人而各廳料物又應預先購辦始能遇
險即搶若待水長工險臨時購用必致緩不濟
急遲悞修防雖所購之料不必能恰如所用之數

不（其中）能因稍有餘賸仍（統）俟霜降安瀾後查明各該
廳用賸稭料合銀劃（核算仍當）還司庫以歸撙節並將先
後撥過銀兩及伏秋汛內搶辦各工用銀總數
詳慎勾稽彙案
奏報所有循照酌減數目請添秋汛防險銀兩以
濟工需緣由謹會同河南撫臣嚴　恭摺具

奏伏乞
皇上聖鑒訓示謹
奏
咸豐十一年七月初三日具
奏於九月初八日奉到
軍機處賛襄政務王大臣奉

旨該部議奏欽此

為遵
旨議覆事咸豐十一年十二月二十五日准
戶部咨河南司案呈所有本部議覆河東河道
總督黄　奏前事等因相應恭録並抄録原
奏移咨河東河道總督遵辦可也粘单內開
戶部謹

奏為遵
旨議奏事河東河道總督黃　奏循照酌減数目
請添黃河秋汛防險銀兩以濟工需一摺咸豐
十一年七月二十七日軍機處贊襄政務王大
臣奉
旨該部議奏欽此於八月初三日由內閣抄出到部

據原奏內稱黃河修守最重安瀾現雖衹上游
七廳而皖捻時思北竄寔恃黃河以資攔截且
保衛完善各州縣以重賦稅當大汛期內每經
來源長水奔騰下注塌埽堤工專賴料物錢粮
應手搶護方保無虞設有短缺致滋貽誤全局
即不能補救是河工修費斷不可不兼籌並顧

所有司庫例撥防險銀兩業經陸續支發秋汛
正長各廳前辦稭麻磚石伏秋前後節次廂拋
埽壩現俱用多存少必須趕緊添辦其秋撥一
項應請仍照歷屆酌減數目添撥秋汛防險銀
十萬兩以濟工需而資修守至黃河捐輸雖未
截止捐生裹足並無遞呈上兑之人各廳料物

又應豫先購辦始能遇險即搶若待水長工險
臨時購用必致緩不濟急所購之料稍有餘剩
統俟霜降安瀾後查明各該廳用剩稭料合銀
核算仍當劃還司庫以歸樽節等語 臣等查東
河秋汛防險銀三十萬兩向由司庫添撥嗣因
庫款支絀節次遞減至十萬兩俱由該處捐輸

項下接濟不敷由司庫找撥歷年俱經　臣部議
准迨咸豐十年該河督復援案奏請照數添撥
臣部以庫款拮据議令體察情形復加節省如
寔在有險當防隨時咨商撫　臣通融辦理各在
案茲據該河督黃　奏稱秋汛正長稭料磚
石必須赶緊添辦請照近年添撥銀十萬兩又

因捐輸寥寥請全由司庫撥給查該河督所請之數雖與成案相符但河險之有無尚屬臆度而工需之多寡豈能預定縱謂物料宜先購辦有餘仍請歸司庫然與其餘剩於日後何如節省於事先況近來司庫仍未充裕而豫省用需日見繁多黃河之修守固貴兼籌通省之餉需

尤關緊要即使河工捐輸不能如前踴躍亦當廣
為招徠以資應用何得以成案可循漫不通籌
大局相應請
旨勅下河東河道總督仍行体察情形力求撙節如
寔在有險宜防再行咨商撫 臣通融辦理仍飭
令開歸河北二道極力勸辦捐輸以資接濟是

為至要所有臣等遵議緣由理合繕摺具奏伏
乞
皇上聖鑒謹
奏咸豐十一年八月二十四日發報具奏八月二
十八日内閣奉
上諭前據黃　奏請添撥黃河秋汛防險銀兩一

摺當交戶部議奏茲據該部奏稱請仍令該河督
力求撙節並勸捐輸等語黃河秋汛有無險工並
需工料多寡勢難預度自應隨時體察情形力求
撙節如果臨時寔有險工宜防再行商同河南巡
撫通融辦理所有黃　奏請預用河南司庫添
撥防險銀十萬兩之處著毋庸議仍著該河督飭

令開歸河北二道設法勸辦捐輸以資接濟欽此

再臣於六月十四五六日疊據蘭儀杞縣睢州
甯陵各州縣馳稟東省曹州府屬會匪經
欽差郡王僧 督飭兵勇擊敗後竄入豫境雖
人數不過數千而分為多股遇寨即攻有莊即
搶到處焚掠疊經該州縣督飭各鄉團勇堵截
而東擊西竄其大股已至陳留縣距省僅四五

十里四鄉居民逃車紛紛進汴　臣　思省垣（會）重（要）地

撫　臣　嚴　　駐劄陳州府正值苗練滋擾沈項

防剿吃緊鞭長莫及之時倘人心摇動所関非

細當與司道面商將守城事宜密為布置并調

派在城兵勇馬步隊一千名飭委撫標右營儘

先遊擊李殿甲候補知州方恵坐補新野縣知

縣于振聲等統帶即於十七日出省前赴陳留
一帶迎剿一面飭令各該縣知會各寨團首調
集練勇協同兜擊其蘭儀渡口亦有賊盤踞先
經飛飭稽查渡口委員將渡船及往來船隻全
數駛泊北崖該逆無舟即不能搶渡並據署下
北河同知徐思穆封邱縣知縣駱文光稟報已

會同直隷駐防北岸河口官兵調到各寨團勇
於河干設防密排鎗砲施放賊匪見北岸守禦
整齊即行退向東竄旋據李殿甲等先後具禀
官兵於陳留杞縣境内與賊接仗獲勝即行擊
退因股数較多連日先於各鄉村鎮搜勦陳留
蘭儀杞縣等處現已肅清等情查肖垣為根本

重地該遊擊李殿甲在省本係原派統帶撫標
右營官兵駐紮曹門城上防守之員責任非輕
附近既無賊蹤即飭調回省以重城守而節經
費其睢州甯陵之賊現經撫臣嚴　並
欽差毛　於歸陳就近派撥將弁督帶兵勇前往
勦辦臣　雖專事修防而既駐省垣凡計慮所能

及心力所能盡者必當不分畛域隨時函商撫
臣督同司道籌辦以期稍盡愚誠仰紓
宸廑為此附片奏
聞伏乞
聖鑒謹
奏

咸豐十一年七月初三日附
奏於九月初八日奉到
軍机處贊襄政務王大臣奉
旨知道了欽此

奏為黃水復又盛漲兩岸險工疊出業已搶辦平
定節逾處暑現仍督飭加謹修防務保無虞恭
摺具
奏仰祈
聖鑒事竊照黃河伏汛安瀾並長水廂工情形臣於

七月初三日具
奏後專弁偵探睢州甯陵境內賊情並據各該州
縣先後稟報東省曹屬竄入豫疆會匪均經兵
勇團練擊散地方漸就肅清省城較可放心臣即於
十一日出省由下南廳黑堽工上隄溯查而西
歷中河上南於滎澤口北渡復順查黃沁衛粮

祥河下北計上游有河七廳已閱一週逐次節
據陜州呈報萬錦灘黃河於七月初七日子時
並十二日巳未二時三次共長水一丈七寸黃
沁廳呈報武陟沁河於七月初八日午未二時
並十二日酉戌二時及十三日子刻五次共長
水一丈六尺五寸當十二日沁黃並漲之時接

續下注以致各廳誌椿積存長水大逾上年盛
漲四五六尺奔騰浩瀚滿溢異常勢若排山聲
如雷吼兩岸各工磚石埽埧紛紛蟄塌甚有刷
卸隄坡潰塌隄唇之處危險已極臣目擊心驚
深恐搶辦不遑竊念本年長水之大早在意中
初不料如此之旺倘有他虞其患何堪設想是

以每到一工鼓勵員弁兵夫曉以大義幸廳營
汛委各員皆知河防關係豫省全局莫不奮勇
當先不辭勞瘁分投晝夜廂拋磚石並進料土
兼施仰叨賴
皇上福庇得以次第平定惟料物動用一空秋汛尚
長亟須酌量添購以資備防無須另請錢糧業

經飭令開歸河北二道轉催藩司將應撥之款迅速籌發接濟以期無誤工需無須另請錢粮至兩岸險工雖各廳皆有現以上南之胡家屯中河之十二三堡祥河之十五六堡尤為險要自立秋以後中河廳三堡下首河勢坐灣南注灘唇陸續滙塌現在僅存灘寬十餘丈卷查該處於道光初年

曾搶廂埽工數十段久已淤沒無存此時若補廂埽段不但用無底止且亦經費難籌臣體察形勢祇須并與道廳熟商擬先堆儲磚石如果塌近堤根擇要拋築壩垛挑禦以期始能用省工堅不任稍涉虛糜其先後報廂之工臣俱已親加勘驗除南岸續廂工段尚有未竣者另容核

各

奏外謹將北岸四廳搶辦已竣各埽工段落另片恭

呈

御覽臣將各廳修守事宜布置妥協因撫臣嚴

尚在陳州臣暫行回省以便遇有要事與司道

籌商斷不敢稍躭安逸仍當不時上工往來督

防務保無虞以仰副

聖主慎工衛民之至意為此恭摺具
奏伏乞
皇上聖鑒謹
奏咸豐十一年七月二十六日具
奏於九月初三日奉到
軍機處贊襄政務王大臣奉
旨知道了欽此

再北岸四廳前報廂辦之工臣已勘驗屬實係
黃沁廳唐郭汛攔黃埝順頭埧迤下空檔埽工
五段於上年停修又順三埧下首空檔埽工六
段係九年分緩修底料均已朽腐水長淌遍陸
續刷塌照段補還衛粮廳封邱汛西圈埝第九
段下首起土埧前埽工六段又迤下十三堡越埝

頭二兩道挑壩西面並壩頭埽工四段均係上
年停修之工舊埽擱朽交伏後河水叠長大溜
側注各腐底先後淵淨揆段補還新埽十段祥
河廳祥符上汛十五堡迤上空檔埽八段及十
六堡第二道挑壩上首空檔埽一段並該壩頭
埽迤上藏頭埽一段又該壩埽工六段均係九

十兩年緩修舊底朽腐河水盛漲大溜逼注先
後滙塌分投照段補還下北河廳蘭陽汛三堡
西埧上首土埧基頭埽至十埽俱係咸豐十年
停修之工水長溜注腐底陸續滙盡補廂新埽
十段以上各工經該管河北道王榮第督飭各
廳營搶廂穩實辦理均屬合宜其餘卑矮埽段

亦皆加廂高整足資抵禦汛漲理合附片陳明

謹

奏

咸豐十一年七月二十六日附

奏於九月初三日奉到

旨知道了欽此

奏為盤查豫省開歸河北兩道河庫錢粮無虧恭

摺具

奏仰祈

聖鑒事竊照豫東兩省黃運四道庫存各項銀兩每

歲年終例由河臣盤查

奏報所有咸豐十年分年終盤庫一案前經飭據
開歸河北二道將庫存銀兩造具冊摺詳送前
來臣於二月初八日因公進省先將開歸道庫
盤查茲乘周歷兩岸各廳督防大汛勘驗工程
之便於七月十七日親赴武陟縣河北道庫逐
款盤查開歸道庫應存銀六百六十四兩四分

二釐五毫河北道庫應存銀一百六十七兩八錢六分九釐一毫當堂核對庫簿冊籍均屬相符彈兌平色亦皆足實並無虧短復查管河各道常年應發各廳修防錢粮向以司庫為來源開歸河北二道庫額存之款前數年湊墊工用後因司庫未曾照案全數撥還難資周轉近年

購料搶險之需俱係隨撥隨發且所撥不寬以
致道庫並無存積現值秋汛修防正關緊要不
但各廳尚須購料備用且中河廳三堡舊工將
生亟須添購磚石以備拋護道庫久空廳員亦
無力措墊不得不仍於司庫將例撥奉准各款
寬籌撥發接濟 臣 惟有隨時行催并諄囑藩司

邊浴禮迅速撥發以免貽悞而保無虞合併陳
明除東省運河兗沂兩道庫俟臣赴濟再行盤
查具
奏外所有盤過豫省開歸河北兩道庫錢粮無虧
緣由理合循例恭摺具
奏伏乞

皇上聖鑒謹

奏

咸豐十一年七月二十六日具

奏於九月初三日奉到

軍機處贊襄政務王大臣奉

旨知道了欽此

奏為遵
旨查明防河尤為出力人員秉公酌保恭摺具
奏仰祈
聖鑒事竊臣於七月初十日接准部咨恭奉
上諭黄　奏遵旨移交防河事宜並出力人員可

否酌保鼓勵一摺河南黃河防守事宜現經歸聯
管理所有各州縣防河練勇即著統歸聯　點
驗黃　原派委員巡查河岸時閱兩年著准其
酌保數員奏請獎敘毋許冒濫欽此仰見
聖主鼓勵臣工微勞必録欽感同深除於月
欽差聯　欽遵辦理外伏查地方河工現任候補人

員派委事件自應盡心經理何敢仰邀
恩施惟防河差使實與軍營効力無異凡委員俱須
長住河干蓆棚晝夜嚴密稽查認真盤詰方能
杜奸細混跡北渡夏則奔走於炎天烈日之中
不避盛暑冬則露宿於雪地朔風之內無間嚴
寒臣每於周歷各渡口稽查時接見各委員見其衣履塵積

鳩形鵠面（面目黎黑）其（終年）勞瘁可想而知至蘭儀渡口尤關
緊要該處地接歸陳界連東直皖捻出巢西竄
蘭儀為第一渡口頻年逆捻一歲數擾時思搶
渡該委員等（均）隨時會同地方官預將船隻駛往
北岸始保無虞本年六月內東省[illegible]島首匪竄
入豫境分股盤踞迭擾拏獲奸細供稱此次堅

欲搶船北援河朔各郡縣幸先令委員將船押
赴北岸南崖不留片板并於北岸口表邱縣會
同直隸派防官兵調集團練保委員人等認□防
嚴密適 臣 於省垣酌撥兵勇前往陳留一帶會
剿始行擊退其總巡道府上下往來督飭稽防
不避風雨寒暑均屬倍著辛勤又 臣 所派隨員

或差探軍情或委查練勇差探軍情者固係冒
險從事而委查練勇者往來兩岸各州縣逐加
點驗動輒數百里各隨員始終勤奮亦不便沒
其微勞惟渡口委員兩載以來或有事故[illegible]另
有差委不時更調統計先後所委之[illegible]人數較
多不敢盡登薦牘茲 臣 悉心酌核蘭儀渡口委

員勞績最為彰著除北岸委員已由聯○
奏保外南岸委員與北岸勞績相均埒亻應丁以獎
叙其餘各渡口委員核計到防年月未久ア工
次業經得保者比次概不列保以示限制謹擇
其尤為出力者彙繕名单恭呈
御覽仰懇

天恩准予獎勵則以後渡口委員並總巡道府益知
觀感奮興洵於防河詰奸有裨所有遵
旨查明防河尤為出力人員理合秉公酌保伏乞
皇上聖鑒訓示謹
奏
咸豐十一年七月二十六日具

奏於九月初三日奉到

軍机處賛襄政務王大臣奉

旨該部議奏单併發欽此

奏為節過白露黃河水勢三次盛漲消落兩岸險
工搶廂拋護平穩秋汛尚長現仍督飭慎防恭
摺具陳仰祈
奏
聖鑒事竊照節逾處暑搶工平定緣由臣於七月二
十六日具

奏在案伏查上冬西路得雪較多入夏融化本年
黃河來源長水勤旺早在意中而自交伏前後
以至處暑黃水已兩次盛漲滿望後水不致過
旺詎知復據陝州呈報萬錦灘黃河於七月二
十四並八月初一等日兩次共長水九尺五寸
其沁河來源因處暑以後陰雨旬日勢甚廣遠

據黃沁廳呈報於七月二十四二十五二十九
三十等日及八月初一日五次共長水一丈五
尺非沁黃並漲即接續下注以致各廳水誌復
驟長四五尺餘寸不等汪洋浩瀚溜勢湍激異
常且秋水力勁淘底搜根不獨舊險疊生新工
復多刷墊分投廂拋保護幾至搶辦不遑幸料

物磚石先已酌量添購夫工錢粮賴撫臣嚴
叠催藩司籌撥得以應手無悞次第平穩除
未竣之工尚須勘驗磚石工程俟停抛後再行
查量丈尺另容分別具
奏
外其已竣工段勘明上南河廳中牟上汛所堡楊
橋戧三壩四埽下首順堤舊有埽工十段內頭

埽至六埽係咸豐九年緩修七埽至十埽係道光三十年停修玆因溜逼搜淘朽底陸續滙塌照段補還中河廳中牟下汛九堡托頭埧迤上北戧五埽至八埽托頭埧頭二兩埽又托頭埧迤下空檔北戧四五六埽托三埧頭二三埽俱係緩修之工埽底朽腐河水盛漲大溜堆注先

後滙盡按段補還新埽十三段下南河廳祥符
上汛二十堡挑水垻埽工二段係咸豐八年緩
修又二十一堡新頭垻埽工二段二十二堡新
四垻上首空檔順埕埽五段均係十年分停修
底料㼝朽河水疊漲猛溜逼刷不移舊底陸續
滙淨潰及埕垻情形緊要分投搶補新埽九段

以上各工經該管開歸道德蔭督飭各廳營如
式廂辦其餘蟄矮新舊各埽亦俱加廂高整且
資抵禦現在長水雖見消動而秋汛尚有四旬
來源未能必其不長且中河廳中牟下汛三堡
塌灘之處距堤僅有一二丈業已購備磚石料
物倘塌至堤根擬先用磚石擇要拋護萬不得

已再行用料摟護以免廂埽滋費臣仍當督飭
兩岸道廳營委員弁勤慎巡防應辦之工固不
敢稍事拘泥可省之處亦當力求撙節總期毋
悞毋糜力保安瀾以冀仰紓
宸厪為此恭摺具陳伏乞
皇上聖鑒謹奏

奏

咸豐十一年八月十一日具

奏於九月初九日奉到

軍機處贊襄政務王大臣奉

旨知道了欽此

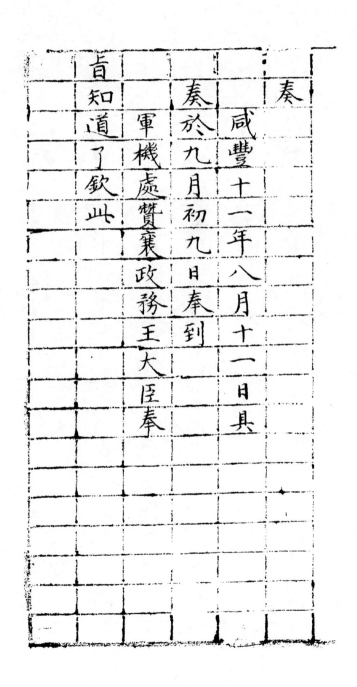

再臣於七月內前赴兩岸查工防汛周歷七廳
後將修守事宜布置妥協因撫臣嚴　尚在
陳州臣暫行回省以便遇有要事與司道籌商
曾於處暑摺內陳明在案抵省後於八月初四
日突有大股皖捻撲至省城勢甚猖獗其來
速並無探報正欲推究其故即接睢州甯陵等

處馳稟該逆係走河灘而來晝伏夜行是以得
信稍遲西（維材）撫臣雖已由陳州府起身尚未到省
臣不敢稍分畛域當即與司道登城督飭所派
五門文武員弁兵勇團丁分投晝夜防守並酌
派員弁督帶馬步隊出城迎剿追擊退後該捻
爲土匪勾引由沿堤西犯一晝夜歷下中上三

廳各該廳營汛弁均因水長工險在堤搶辦猝
不及倘有勇之處亦驟難召集河兵人數無多
又係專事修防不習弓馬技藝所以一任焚搶
難以抵禦惟下南廳衙門近在黒堽工該管廳
營折回保護幸免焚燒而署中什物擄掠一空
幕友家丁營汛委員均有被傷身故者其中河上

南二廳衙署均距有工之處十餘里及二十餘

里聞信回救不及中河廟宇及上南汛汛衙署公館

俱被燒燬署中什物劫掠全無民房店舖亦間

被焚傷人不少實堪髮指且該搶行走至迅於

上南廳駐劄之楊橋鎮劫搶後並不逗遛即竄

往京水鄭州一帶臣先已飛飭西路各州縣調

團嚴密堵禦並咨山陝兩撫臣飭屬防堵暨咨
欽差防河京堂聯　及行河北鎮道督帶兵勇於河
口防禦以免竄越除皖捻入豫竄擾處所及現
派道將帶領兵勇追剿情形由撫臣會銜具
奏并查明上中下三廳實在被難人数另容奏請
恩卹外合先附片陳明謹

奏

咸豐十一年八月十一日附

奏於九月初九日奉到

軍机處賛襄政務王大臣奉

旨知道了欽此

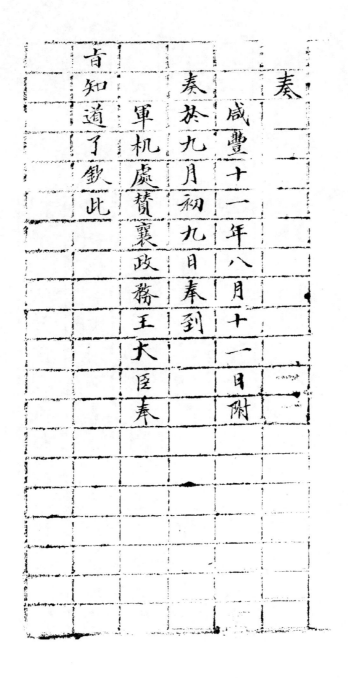

再白露楫早已繕就因捻匪阻路渡船全行駛
泊北岸差弁未能行走恐軫遲過久謹附驛呈
進又查各部公文向發山東提塘賫送濟甯　臣衙
門投遞由署連運河及四營公文或按五日一
次或十日一次包封賫豫核辦自四五月內東
省曹屬會匪及東昌府屬並濮州范縣教匪滋

事股數過多勦不勝勦以致豫東往來道路處
處有阻梗且該逆見馬即搶是以差弁恐公文遺
失不敢行走驛路亦阻滯已久計已七旬未接
濟署包封除不特嚴飭標營將偹及在署之文
巡捕派弁設法繞道賫送外恐應辦公事並應
行

題奏各件未能按時辦發合先將耽遲緣由一併
附片陳明謹
奏
咸豐十一年八月十一日附
奏於九月初九日奉到
軍機處贊襄政務王大臣奉

旨知道了欽此

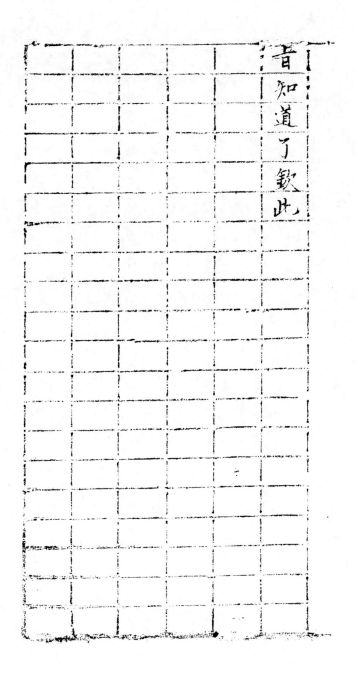

奏為瀝陳下悃仰懇

聖體勉節悲哀以隆

孝治事竊臣於咸豐十一年八月初六日接准河南

撫臣嚴　由大營遞到禮部咨文痛悉

大行皇帝於七月十七日

龍馭上賓臣伏地哀鳴摧心泣血五衷迸裂欽惟
大行皇帝敬
天法
祖愛民勤政
臨御寰區十一年適值冦氛蜂起
宵衣旰食惕厲憂勤上年

巡幸灤陽遡聞
聖躬欠安依戀之忱無時或釋今歲四月間接據京信
欣慰
法膳照常方冀
萬壽無疆永承
怙冒不意

鑾輿晏出一旦
升遐率土臣民攀號莫及我
皇上天性肫篤際此
國家多事艱難之時
大事遽膺
几筵泣奉哀慟迫切必有過於尋常萬萬者伏念

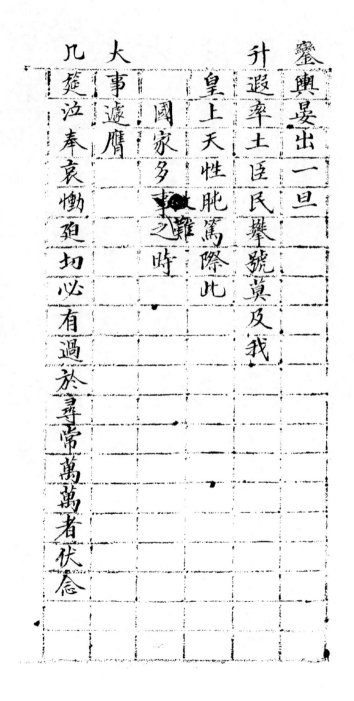

皇上為
天
地
宗
社所憑依中外生靈所託命兼以中原多故安內攘外
胥繫

宸厪凡在血氣之倫靡不馳念況臣身受

國恩至優極渥祇因奉職在外不獲隨近侍諸臣

叩請

聖安夙夜徬徨罔知所措惟有虔懇我

皇上篤念

付託之重

俯循禮制稍抑哀思以仰慰
大行皇帝在天眷顧之靈臣曷勝瞻依祈禱之至謹瀝
陳蟻悃恭摺具
奏伏祈
皇上聖鑒謹
奏

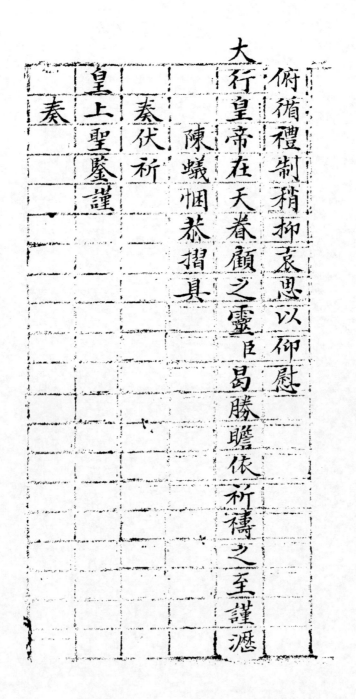

奏為節交秋分中河廳三堡出險情形危急現在
督飭搶辦恭摺具陳仰祈
聖鑒事竊照節過白露黃水三次盛漲兩岸險工搶
廂拋護平穩緣由臣於八月十一日具
奏後旬餘以來沁黃來源雖未報長而前水尚未

全消且秋濤力勁淘底搜根以致各廳埽項仍
紛紛蟄塌臣督飭道廳營委員弁分投廂拋俱
已次第平定即最險之祥河廳十五六堡上南
廳之胡家屯雖工作尚未停手亦可保護無虞
其中河廳要工向在十二三堡該處土性純沙
以致連年出險本年自夏徂秋各埽此廂彼蟄

工用繁重先將原購料物用罄嗣復隨買隨用
勉力支持詎料八月初間皖捻突至沿堤焚搶
不獨人夫星散且亦無料上堤以致停工旬日
各埽一未加廂即蟄塌入水者多段現飭趕緊
購料廂辦莫可補救惟該廳三堡埽灘之處早
近秋根原擬購辦磚石拋護無如片段過長因

司庫錢粮未能寬撥磚石不能寬購即欲廂埽
亦非巨款購料不能興辦無料無錢以致塌埕
出險情形危急臣惟有殫竭血誠諄商撫臣藩
司迅速撥款督飭道廳星夜採購料物磚石搶
辦斷不任稍事因循至各廳臨黃應廂埽段勘
明可緩者不准再行報案其寔應搶廂者亦不

敢稍事拘泥如南岸上南河廳鄭州下汛九堡舊順埧下首空檔埽工四段挑頭埧埽工三段並該埧下首空檔順埧埽工三段及挑二埧埽工三段俱係咸豐八年緩修河水驟長溜逼搜淘各朽底陸續刷淨赶即照段補還計補廂埽工十三段中河廳中牟下汛九堡戧三埧六七

兩埽順頭埧頭埽至六埽順二埧頭二兩埽係
咸豐九十兩年停修之工舊底捫朽大溜趨刷
搜淘滙塌盡淨按段補還新埽十段北岸黃沁
廳唐郭汛攔黃埝七埧迤下埝根埽工三段係
咸豐十年緩修又武陟汛馬工挑水埧尾舊埽
空檔頭埽至五埽係九年分停修底料均已朽

腐水長溜注先後滙盡補廂新幇八段以上各
工經該管開歸河北二道督飭各廳營廂辦穏
實抵禦秋漲甚為得力兩岸磚石工程除中河
一廳尚須相機拋用外其餘各廳均已飭令停
拋以期得省且省容再量明丈尺核計方數另
行具

奏現距霜清尚有一月臣仍當督飭各道廳照常
巡防妥慎修守不敢稍有鬆懈所有節交秋分
中河廳三堡出險情形危急現在督飭搶辦緣
由理合恭摺具陳伏乞
皇上聖鑒謹
奏

咸豐十一年八月二十一日具

奏於九月十九日奉硃

軍機處贊襄政務王大臣奉

旨知道了欽此

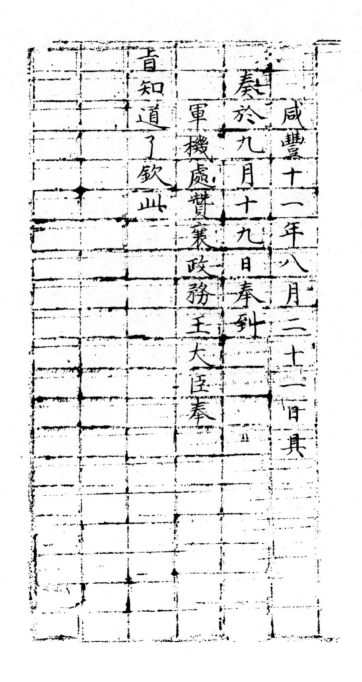

再河防修守當水長工險之時全賴料物錢粮
應手方能搶辦無悞本年黃水節次盛漲兩岸
險工疊出內以祥河廳之十五六堡上南廳之
胡家屯中河廳之三堡及十三堡尤為險要埽
段則屢蟄屢廂隄埧則時見滙塌原辦料物早
已用盡處暑以後[redacted]隨買隨用并應添辦磚

石抛護在在非錢不行河臣向不經管錢粮專
恃司庫撥發若司庫不撥術乏點金束手無策
臣屢次函商撫臣兩兩催司撥發無如自交伏
迄今每次不過撥寔銀數千兩以數千兩之銀
何能備數處險工之用撫臣嚴　　於初八日
到省後得悉中河工程險要復屢催藩司籌撥

巨款俾資搶廂催至旬日始據撥寔銀五千兩
尚不足中河一處搶工之用查司庫並非無款
可籌催撥之項係奉准應撥之款亦非另請錢
粮現在中河廳十二三堡埽工蟄塌多段無料
加廂以上三堡滙塌堤身寬數尺及一丈五尺
順長四十餘丈至窄之處僅存頂寬三丈餘尺

磚石早已拋完危險已極臣焦急萬分非購料
廂護不可現將撥到之銀先發中河廳購辦料
物迅速搶辦惟杯水車薪究難濟事現雖據撫
臣飭司趕籌寔銀二萬兩以濟急需而正在易
錢運工適值搶匪回竄鄭州中牟一帶沿堤俱
有邊馬人夫星散已成束手之勢似此釀成巨

險若能早撥錢粮預先購料將埽段廂齊斷不至
此現在捻氛沿堤肆擾縱錢粮應手人力難施
倘至遲悞事機則全河南趋北路乾涸賊踪北
犯路路可通正不獨生靈遭厄財賦無出也臣
[未備寧本圍責奮勉為之]
實不能獨當此重咎然臣亦不敢稍事推諉惟
有竭盡心力以保全局現於無可措手之時作

臨渴掘井之舉督飭道廳委員赶緊帶勇駐紮
該工處所以便鎮定人心彈壓土匪招集逃散
料户民夫設法籌辦一面諮商撫臣再行嚴催
藩司寛撥現銀接濟以冀保護無虞合將實在
危險情形再行附片陳明伏乞
聖鑒謹

奏
咸豐十一年八月二十一日附
奏於九月十九日奉到
軍機處贊襄政務王大臣奉
旨以後情形迅速具奏欽此

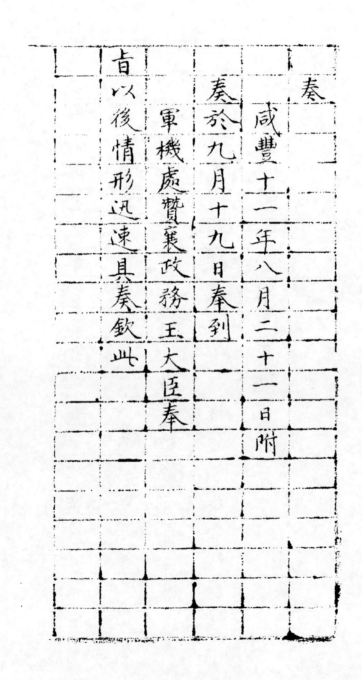

再摺正繕間接據開歸道中河廳馳稟中牟下
汛三堡塌堤之處復續塌順長三十丈寬處又
塌一丈正在竭力用磚拋護迤下十三堡大淌
忽全往下卸堆注戧四埧前淘刷該處土性本
係純沙如湯沃雪因料石磚用盡適值捻匪回
竄切近該工人夫搬家逃避頃刻星散雖有錢

粮無人運料上工搶辦以致先將戧埧塌去堤
頂立見潰塌僅存頂寬丈餘危險已極 臣聞信心胆
俱裂先行委員馳往幫同該廳潛分投招集人
夫趕辦 臣正擬親往督搶疊接探報搶匪益向
東趨赴中河之路遍地皆賊未能過去心急如
焚因思中河廳三堡及十三堡兩處危險繫於

呼吸若無搶匪肆擾不难搶办現在賊勢蔓延
人力难施設有事端關係非細現惟竭盡血忱
會商撫[illegible]嚴設法疏通道路赶運錢粮前往惟冀
河神黙佑淄勢稍鬆逆氣早退庶能召集人夫重
價購料上堤搶護以期補救於萬一所有中河
廳三堡並十三堡因賊竄扰以致同時危險情

形合再附片陳明謹

奏

咸豐十一年八月二十一日附

奏於九月十九日奉到

軍機處賛襄政務王大臣奉

旨知道了欽此

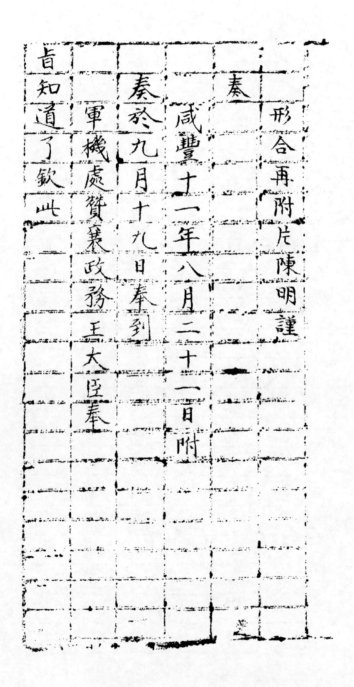

奏為豫省上南廳辦過辛酉年土工驗收如式謹
核準銀數恭摺具
奏仰祈
聖鑒事竊照黃河修守以大隄為根本不獨廂埽拋
石賴以溜依即無工之處攔禦灘水實為生民

保障是以從前每歲估辦土工最為急務自咸
豐五年北岸蘭陽汛黃流旁趋後下游七廳工
程停辦兩上游兩岸有河七廳保衛西南完善
各州縣以重賦稅餉需并賴黃河為天險攔禦
皖捻北竄修防更關緊要惟連年軍務不請撥
餉浩繁河工用款自應得緩且緩除臨黃磚石

埽垻每経水長溜激蟄塌生険安危繫於呼吸
不得不照常購備料物隨時厢抛以保無虞外
其兩岸長隄究係有工之處少無工之處多即
漲水上灘亦非普律漾至堤根是土工一項尚
可緩修雖據各道廳以堤垻過形卑矮殘缺先
後稟請增培俱勘係實在情形何敢專案

奏請撥項估修而急應修辦者亦不敢過於拘泥
是以於本年春間仍照歷屆之案附片陳明於
伏秋汛內察看河勢之趨向大溜之緩急如實
有必不可緩之工臨時搶築俟白露後查驗做
過工段丈尺再將銀土細數具
奏以期核實在案茲查祥河廳祥符汛十五六堡

中河廳中牟下汛三堡均急應幫戧無如道庫
既無款可墊司庫又未能另撥幫戧之銀祇可
俟籌有款項再行估修現惟將上南廳鄭州下
汛十三四堡最為緊要之大堤酌量估幫銀數
無多於司庫撥到款內通融發辦工竣由道驗
收報経臣臨工覆驗尚屬如式並無丈尺不足

草率偷減情弊據開歸道德蔭詳請具

奏前來計上南一廳辦工二段計長一百丈共土

五千六百九十三方因隔水遶遠選淤備極艱

難每方給例價銀二錢一分六厘計例價銀一

千二百二十九兩零每方津貼銀一錢三分四

厘計津貼銀七百六十二兩零共例津二價銀

一千九百九十餘兩委係實工實用並無浮冒
除由司將墊辦土工方價撥還道庫湊發工需
并飭道赶造工段丈尺銀數印冊呈候核繕清
單外為此恭摺具
奏伏乞
皇上聖鑒勅部存核施行謹

奏
咸豐十一年八月二十一日具
奏於九月十九日奉到
軍機處贊襄政務王大臣奉
旨該部查覈具奏欽此

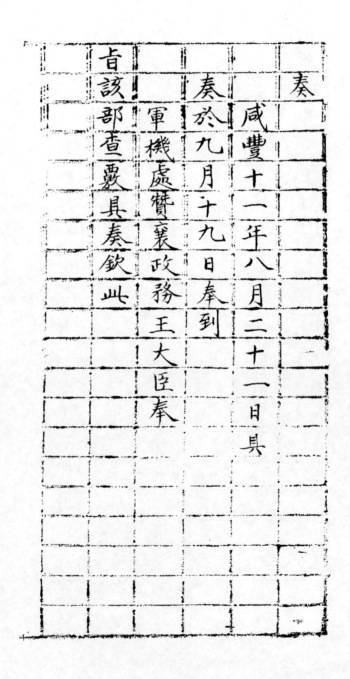

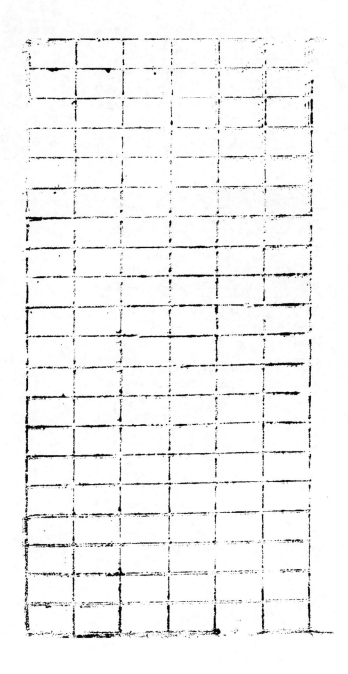

奏為母烈子孝大節懍然籲請

旌卹以維風教事竊照本年八月初五日東皖逆匪竄逼省垣擾及黑瑆有 臣 幕友江蘇(陽湖縣王國棟)舉人報捐知府楊傳第之母吳氏(係故主事楊嗣作之妻)年逾七旬迎養在汴僑寓黑瑆工次該逆突入楊傳第寓所搜索財物

其母吳氏見賊大罵立被殺害時楊傳第隨臣
在省值省城戒嚴聞賊竄該處楊傳第中夜踉
蹌循城而走四門屯閉急不得出詰朝縋城冒
險奔至黑堽賊適他竄楊傳第見其母已被害
伏屍呼搶痛不欲生投河遇救因料理其母後
事殮畢慮賊復至遂權厝於黑堽入城僦居寺

寮設位奠醱朝夕哀毀恨自為文士不能荷戈
報仇決志以死殉母誓不與賊俱存戚友勸慰
佯為酬答並撰就其母行述付之友人臨歿時
寓書所親託以葬事已願為厲鬼殺賊復遺書
與臣訣有云傳第際古今之奇變遭生人之極
哀泣血椎心悔痛何及惟有從母氏於地下以稍

贖罪辜日來幸將一切區處停當若再遲恐轉
念又將偷息人間愈不成人矣又云逆賊方熾
汴城雖堅然不可但恃登陴便謂無恙敵氣徧
野百姓寃苦已極黠者從而生心良者亦驅而
為賊民心一變區區留一省城尚可恃乎藹然
忠孝情見乎辭迨 臣 遣人往視已於是時仰藥

自盡距其母死之期才八日耳臣查楊傳第天
性肫誠品學端粹向以舉人謄録供職
内廷洎臣招致幕中遂奉母來豫在臣幕三年暇
輒歸省晨昏依戀有若孺赤時為臣言其母操
行賢淑好讀史書於是非得失持論多中教子
有方非敦品力學者戒弗與交平時惟以忠孝

大誼相勗勉以故見危授命大節克全楊傅第
夙稟慈訓學行超卓今復從容就義以身殉親
母烈子孝洵爲完人合無仰懇
天恩俯賜旌卹以彰奇節而維風教爲此恭摺具
奏伏乞
皇上聖鑒再上中下廳殉難之官弁兵丁幕友家人

仍俟查覆到日另行分別請卹合併聲明謹
奏
咸豐十一年八月二十一日具
奏於九月十九日奉到
軍机處賛襄政務王大臣奉
旨另有旨欽此

咸豐十一年十二月二十五日准
禮部咨儀制司案呈內閣抄出河東河道總督
黄　奏幕友楊傳第之母吳氏於本年八月
在黑堽地方遇賊殉難楊傳第痛母服藥自盡
母子殉難請
旌一摺本年九月初六日

軍機處賛襄政務王大臣奉
旨另有旨欽此同日奉
上諭黃　奏幕友母子殉節懇請旌卹一摺本年
八月間捻匪竄擾河南黑堽地方江蘇陽湖縣舉
人報捐知府楊傳第之母楊吳氏罵賊被害楊傳
第旋即以死殉親母烈子孝實屬可嘉著該部照

例旌卹欽此欽遵到部查例載官員全家隨任被
害者令該督撫查明該員籍貫由原籍地方官
給銀三十兩合建一坊無論男婦俱題名其上
並於本邑忠義孝弟祠及節孝祠內設位致祭
等語又嘉慶二十年題准山東曹縣知縣姚國
旃署中殉難幕友官親均於本邑忠義孝弟祠

内設位致祭並題名石碑又咸豐三年奏准官紳殉難家屬應行建坊人等除官為給銀建坊外如本家有願自建専坊者亦聽其便又咸豐四年題准殉難家屬一二名口亦給銀建坊題名等因各在案今據河東河道總督黃　奏
幕友楊傳第母子殉難欽奉

諭旨照例旌卹相應行文該總督轉飭該員原籍地
方官遵照例案給與
旌表建坊入祠可也

奏為節逾寒露搶辦中河廳險工大局已臻平定
現仍督飭妥慎修守務保安恬恭摺仰祈
聖鑒事竊照節交秋分中河廳三堡出險並十三堡
大溜堆注塌堤危迫竭力搶護以期補救各情
形臣於八月二十一日分別奏

聞在案伏念黃河溜勢之趨向工程之平險本難預
測無工之處猝然生險雖常有之事而一廳兩
工奇險同出實所罕見且當搶辦緊急之時適
值捻匪沿堤滋擾幾至未能措手幸有勝○軍由臣處借軍營帶勇
營帶勇之臣河標中軍副將黃得魁來汴臣即商
明撫臣嚴　會飭該副將督帶川楚勇前往

中河東漳一帶駐劄彈壓隨有逆捻股匪屢次撲近
工次均經擊退得以招集人夫搶帮後戧
運料上堤查十三堡塌堤之處共長九十餘丈
因土性過於沙鬆見水即塌廂埽不及以致堤
身塌完復塌新築之戧危險已極仰賴
皇上鴻福

河神默護河心新灘刷塌溜勢漸往下移情形鬆
緩施工較易現將後戧幫寬并於臨河一面用
料摟護其三堡塌堤至窄之處僅剩一丈數尺
亦於水深之處酌廂護埽抵禦並搶幫後戧時
近霜清水勢可期不長大局已臻平定惟兩工
須分別加幫堤身補還大堤以及購備來年修

防正雜料物需費較巨一時趕辦不及臣當從容商明撫臣飭司籌款發辦庶可有備無患此外各廳埽段亦間多殘蟄均飭動用存工之料加廂不准再請添購以歸撙節至伏秋汛內兩岸拋辦磚石工段或舊有垻垛刷蟄加拋或埽段屢廂屢蟄用石偎護或土垻着河接拋磚垻

蓋石挑禦俱屬應行辦理於停抛勘驗後即飭
開歸河北二道按廳量明丈尺核計動用磚石
方數具稟前來臣逐加覆核無浮謹彙繕另片
恭呈
御覽現距霜清雖僅有旬日而水力尚勁中河廳險
工未停工作臣仍當督飭道廳妥慎修守務保

安恬並將本年統用銀數督飭各該道核實勾

稽確切刪減另容彙繕清單陳

奏所有節逾寒露搶辦中河廳險工大局已臻平

定緣由理合恭摺具

奏伏乞

皇上聖鑒謹

奏

咸豐十一年九月初八日具

奏於十月初六日奉到

軍機處贊襄政務王大臣奉

旨知道了欽此

未入寒實
報的

再豫省黃河上游兩岸各廳本年拋辦磚石工
程均經 臣隨時勘驗屬實茲飭據開歸河北二
道量明丈尺核計用過方數稟請具
奏前來查係上南河廳鄭州上汛頭堡邵家寨順
埧三埽上跨角拋築磚垛一道牽長四丈五尺
中河廳中牟下汛九堡順二埧前加拋磚埧一

道長二十五丈黃沁廳唐郭汛攔黃埝三道順
埧下首第四道順埧加拋連舊磚共長十丈一
尺衛粮廳封邱汛十三堡越埝三道挑埧頭接
拋磚埧一道長四丈祥河廳祥符上汛十六堡
第二道挑埧上首加拋磚埧一道新舊共長十
四丈八尺下北河廳蘭陽汛三堡土埧基前加

抛磚垻一道連原抛簰長七丈六尺以上每道
用磚自一百六十餘方至一千一百四十餘方
不等又上南河廳鄭州上汛頭堡郃家寨順垻
三埽上跨角磚垛外抛護碎石一段胡家屯順
堤十三埽前抛護碎石一段中河廳中牟下汛
九堡托二垻四埽前加抛碎石一段五埽前加

抛碎石一段六帮前加抛碎石一段下南河廳
祥符上汛十七堡月埝北面土壩基前第二道
磚𢬵壩外加抛碎石一段第三道磚𢬵壩外加
抛碎石一段黃沁廳唐郭汛攔黃埝三道護壩
下首第三道土壩頭磚壩加抛碎石一段衛粮
廳陽武汛十七堡前接月石壩尾起土壩南面

頭道魚鱗埧頭磚埧加抛碎石一段封邱汎西
圈埝第七段下首順頭埧頭磚埧抛護碎石一
段祥河廳祥符上汎十五堡以上順堤十埽前
加抛碎石一段下北河廳祥符下汎頭堡挑水
五埧上首加抛石埧一段以上每段用石自四
百三十餘方至一千八百八十餘方不等辦理

俱屬合宜盖護埽壩抵禦伏秋盛漲甚為得力
除飭將丈尺銀數詳細趕造印冊呈請核繕清
單彙
奏外合先附片陳明伏乞
聖鑒謹
奏

咸豐十一年九月初八日附

奏於十月初六日奉

旨知道了欽此

奏為循照酌減數目請撥豫省司庫銀兩採辦來
年歲料以重工儲而資修守恭摺具
奏仰祈
聖鑒事案查工部議奏豫省黃河兩岸應需辦料銀
兩先於乾隆十年

題准每年撥發額征河銀三萬六千餘兩分給開
歸河北二道預辦歲料此後南北兩岸歲料銀
兩如出原題八萬五千餘兩之外應令該督等
據實奏明撥發等因奉
旨依議欽此欽遵在案其山東兗沂道庫每年額征河
銀一萬五千兩為發辦料物之用嗣因逐年添

有新生工段需料較多河銀不敷支用循照豫
省之例
奏撥山東藩庫銀三萬兩歷年遵辦亦在案伏念
黃河修守以料物為根本欲期工堅必先料足
現在下游各廳工雖停辦而上游兩岸有河七
廳保衛西南完善各州縣以重賦稅餉需兼以

黃河為直省藩籬天險可守賴以攔禦捻匪
又北岸修防更關緊要其歲料一項從前向於
年內堆齊近年因司庫料價未能依時撥發遲
至春夏之間採辦不但料戶居奇抬價致滋虛
費且本年伏秋汛內因長水過旺需料較多隨
買隨用應廂之埽無錢預辦幾致失事雖竭力

搶護幸保平安而險工林立有備方可無患新料
早已登場來年歲儲亟應乘時趕為採購查豫
省南岸開歸道屬七廳例請辦料銀七萬兩北
岸河北道屬五廳例請辦料銀三萬五千兩東
省兗沂道屬曹河曹單二廳例請辦料銀三萬
兩除兗沂道屬黃河工程停修無須請撥外其

開歸河北二道屬亦有下游各廳停辦之工是
以歲料銀兩近年均酌減
奏撥現按上南中河二廳添有新生工段料物必
須多為儲備而錢粮支絀何敢寬請茲據各該
道具詳前來豫省上游兩岸七廳應辦來年歲
料秸麻除分撥荒缺等項外循照歷屆酌減數

目開歸道請撥銀四萬兩河北道請撥銀二萬
五千兩其不敷之數仍照向章催司將應發找
撥不敷之款撥還道庫陸續湊墊支發俾免貽
悞至現請之銀及應撥不敷之項臣當移咨撫
臣並行藩司均按三銀七鈔務於十月並十一
月內分次如數撥交各該道轉發各廳俾可早

為設廠於年内分投赶緊採買飭令承辦之員
堆垛必須堅實丈尺尤應豐足勒限堆齊先行
由道驗收報候 臣 挨廳覆驗如有領銀後採辦
遲延或辦不足數以及丈尺短少堆垛虛鬆情
弊立即指名嚴參斷不姑容以重工儲而資修
守所有循照酌減數目請撥採辦來年歲料銀

兩緣由謹會同河南撫臣嚴　　恭摺具
奏伏乞
皇上聖鑒謹
奏咸豐十一年九月初八日具
奏於十月初六日奉到
軍機處贊襄政務王大臣奉
旨該部知道欽此

如有餘
或入來歲料
價撥內

再臣前准工部咨以東南兩河欠解節年水利
飯銀係隨時坐扣有着之款行令專委妥員如
數解部交納以資接濟辦公等因當經通飭各
道設法籌解在案伏查東河修防錢粮司庫每
年例撥之款向不敷用歷以道庫額存之項湊
發搶險工需從前於霜降安瀾奏送工程清單

後即由司如數找撥歸還道庫留作次年湊墊
輪流周轉年清年款是以水利飯銀等項亦可
按年解清並無拖欠自軍興以後司庫迫於餉
需以致河工每年找撥不敷一項未能撥還積
欠較多即有所撥亦為數甚微非但道庫存款
有墊無還悉索早空且各廳連年措墊辦工各

項亦未曾找發水利飯銀即不能扣齊其已扣
有着之款當水長工險安危繫於呼吸之時司
撥不到不得不挪東補西先其所急此連年部
飯未能報解之實在情形也然此項水利飯銀
為工部辦公急需斷不能因司撥不寬久欠不
解 臣於屢接部文飭催後諄商開歸河北二道

於萬难籌措之中將六年分工程水利部飯實
銀實鈔湊齊現在赶緊委員觧部其餘節年飯
銀容俟催司撥款稍寛即接續籌觧斷不任久
延再水利飯銀向隨支款核扣查六年分黄河
用款係二銀八鈔現亦按二銀八鈔觧部合併
聲明謹附片陳

奏
咸豐十一年九月初八日附
奏於十月初六日奉到
軍機處贊襄政務王大臣奉
旨知道了欽此

九月六

四三一

奏稿

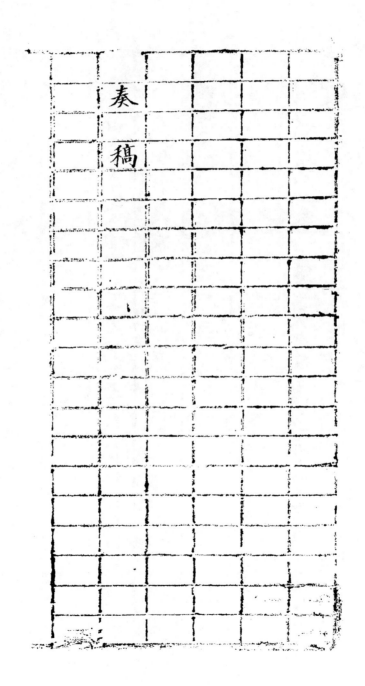

奏為查明下中上三廳遭賊焚搶禦賊陣亡官弁
及被害幕友人等籲懇
天恩優卹以慰忠魂而彰風教仰祈
聖鑒事竊照八月初間皖捻突撲汴梁省城所有守
城堵剿及沿隄西竄焚搶各廳情形臣等業經

先後具
奏并聲明上中下三廳實在被難人數另容確查
彙摺奏請
恩邺在案茲據下南廳稟稱入伏後來源猛驟水勢
疊長黑堤工順河埝埽段頻蟄險要蒙開歸道
札調商虞協備王寶鼎來工幇同搶辦八月初

五日早間捻匪忽至黑堽人夫星散該廳督率
營汛兵丁堵禦衆寡不敵王寶鼎手執長竿奮
勇殺賊陷入重圍立時陣亡前候補從九品楊
秉熙告病後寄寓黑堽被執不屈殉難幕友楊
維鈞程受祚家人彭貴張康陳安均罵賊慘死
并有幕友程煥之母周氏陸孟麟之妻胡氏居

住黑堤左近為賊所執不屈受害均懇奏請
旌卹其餘尚有無下落之兵丁書役人等俟查明續
稟等情又據中河廳稟稱捻匪突至東漳當即
自工募勇回救無如賊勢過衆難以抵禦中牟
下汛外委段三元兵丁白欽力竭陣亡武童曹
金貴用長矛刺傷騎馬賊二名該匪痛恨將曹

金貴圍住捆擲用滚水澆淋亂刀砍死尤為可
慘幕友姚巨垣罵賊捐軀均懇請
卹等情又據上南廳稟稱胡家屯工程險要正在搶
辦忽署中飛報賊匪由中河沿隄而來該工距
楊橋四十餘里留汛弁力作當與營倫帶同弁
兵赶往禦敵時已黃昏火光四起鄭中汛千總

楊立中奮勇當先[illegible]刀接仗殺賊多人委員候
補主簿李恩榮滎澤縣丞程炳章率領打仗
各受重傷外委兵丁直前喊殺無如昏夜之中
賊匪愈殺愈多楊立中力竭陣亡滎鄭汛兵丁
李金聲鄭邦賢鄭中汛兵丁杜建功同時遇害
程炳章因受傷過重旋即捐軀並將幕友秦有

戕

林朱蓀善家人陳茂崔福毛永成烤逼銀錢不
屈慘死俱懇奏請
恩邮等情并據開歸道轉稟前來臣等復查河工員
弁幕友猝遇賊匪或殺賊捐軀或被執不屈或
罵賊被戕均屬深明大義惟其遇害尤慘毒遭害者實更堪憫
惻除家人練勇並下南廳如有續稟到被害之

人另飭造冊詳候飭發忠節局彙辦請卹外合

無仰懇

天恩飭部將商虞協倫王寶鼎前東河候補從九品

楊東熙鄭中汎千總楊立中滎澤縣丞程炳章

慕友文童楊維鈞程受祚姚巨垣秦有林朱葆

善武童曹金貴外委段三元兵丁白歛李金聲

鄭邦賢杜建功分別從優議卹以慰忠魂並請
將幕友程煥之母周氏陸孟麟之妻胡氏一併
賜旌以彰風教出自
慈施謹會同河南撫臣嚴 恭摺具
奏伏乞
皇上聖鑒訓示謹

奏
咸豐十一年九月初八日具
奏於十月初六日奉到
軍机處賛襄政務王大臣奉
旨該部議奏欽此

為咨行事咸豐十一年十一月十一日准
兵部咨議功所案呈所有前事等因相應由驛行文
該督可也計单内開内閣抄出咸豐十一年九
月二十七日河東河道總督黄　奏查明下
中上三廳遭賊焚搶禦賊陣亡員弁除家人練
勇並下南廳如有續禀被害之人另飭造冊請

卹外總將商虞協備王寶昌前東河候補從九
品楊東熙鄭中汛千總楊立中滎澤縣丞程炳
章幕友文童楊維鈞程受祚姚巨垣秦有林朱
葆善武童曹金貴中牟下汛外委段三元兵丁
白欽李金聲鄭邦賢杜建功分別從優議卹等
因一摺咸豐十一年九月二十日奉

旨該部議奏欽此欽遵到部除議卹各員弁本部另
行辦理外相應由駟行文該督查照可也

有初

四

奏稿

奏為
河神默佑險工搶辦克臻平定仰懇
欽賜匾額以答
神庥而昭誠敬事竊照河工崇祀
河神凡遇工程險要歷著

靈應本年八月初間南岸中河廳中牟下汛三堡
並十三堡同時塌隄生險兩相比較尤以十三
堡爲危迫蓋該處土性純沙見水即塌又值河
心新灘横亘逼溜折旋河本東西勢成南北塌
隄之處竟致頂衝隄身塌完復塌新幫之戧當
搶辦吃緊之時適值捻匪沿隄竄擾幾致難以

施工幸臣等先行商委將弁帶勇前往中河彈
壓遇有零星股匪竄至隨時擊退始能招集人
夫做工設法運料上隄詎料八月二十五日辰
刻敗竄逆捻突至工次力作人夫一鬨而去狂
瀾莫禦危在呼吸并據所獲之匪供稱該逆有
就搶險之處挖隄放水灌淹汴梁省城之說焦

灼萬分當即虔誠默禱冀邀
神貺忽見塌隄之所似雲非雲非烟頻烟籠罩隄
烟 烟似 霧非霧
前盤旋水面全隄清朗一段迷漫萬目覩瞻詫
為神異俄焉河心新灘傾刻刷塌強半溜勢漸
往下移該工立見輕鬆自是而後土戧竟未續
塌在工官民同聲額慶僉謂厥工若非

河神默護斷不能瓦全臣等欣幸之餘倍深凜畏
據開歸道德蔭具稟前來惟有仰懇
天恩
欽賜匾額臣等恭摹懸掛以答
神庥而昭誠敬謹合詞爲此會同河南撫臣嚴恭摺
具奏伏乞

皇上聖鑒訓示謹
奏
咸豐十一年九月初八日會
奏於十月初六日奉到
軍機處贊襄政務王大臣奉
旨另有旨欽此

奏為東省運加捕上下五廳湖河土石堤工埽埧
亟應擇要估修以資保衛而重民生恭摺具
奏仰祈
聖鑒事竊照東省運河現在雖無南粮行走而保隄
衛民蓄水禦賊仍關緊要其殘塌之工若聽其

廢棄不修則伏秋長水旁溢不但民田被淹賦無所出且巴湖河乾涸無水攔賊捻匪任意往來更形猖獗而當此錢粮萬分支絀非實在殘缺必不可緩者亦不敢遽請估修茲查運河廳屬鉅嘉汛運河東岸蜀山湖為北路最要水櫃全恃堤工高鞏方能豬蓄現查嘉字二十七號

北頭工長三百八十丈並二十九號北頭工長
四百三十丈均坐當犯風多年未修歷經汎漲
水勢衝刷以致碎石坍卸土戧單矮單薄亟應
照舊修築完整以資蓄水設險防禦南匪除選
用舊石外估需例帮二價銀一萬一千一百九
十七兩零又該廳濟甯州汎運河兩岸堤工歷

被伏秋大汛汶泗諸河盛漲風浪撞刷更無前
經豐工漫水倒漾拍岸盈堤河坡一片浸浥日
久以致衝刷無存跌成坑塘實屬危險必須照
舊修築方足以資保衛田廬先擇其最要之
東岸濟字十四號至二十號堤工七段共長一
千四百二十六丈連填墊坑塘估需土方銀一

萬一千八百一十六兩零又據續估西岸濟字
二十七號至三十號險要官堤四段共長八百
二十丈連填墊坑塘計需土方銀七千三百兩
零又該廳東平州汎汶河西岸戴村石垻一道
北曰玲瓏中曰亂石南曰滾水共長一百二十
六丈八尺南北兩頭各建垻台一座為垻工之

⿰石剎

護衛係過汶濟運最要關鍵茲查北坝台東面
迎水⿰石駁岸一道原長二十八丈又玲瓏坝中間
坝身長三丈九尺並玲瓏坝下三合土漫坡長
五十五丈五尺俱年久未修歷經汶水漲發風
浪撞擊以致樁朽石脫坍塌不堪三合土衝沒
刷成深塘亟應照舊分別拆修以資護坝而衛

田廬除選用舊石外連圈築越埧估需例帮二價銀一萬一百五十八兩零泇河廳屬滕汛西岸大石海漫排樁碎石坦坡等工為微山湖保障近年皖捻不時竄擾東境滕嶧一帶全賴微湖之水宣放入運以資攔禦因疊經湖河漲水冲激以致該工樁朽石脫坍塌蟄陷若不分別

補修添拋實难豬蓄兹擇其最要之滕字一號
三號内間段大石工二段長二百九十三丈四
尺該處湖面殘缺碎石坦坡工二段長二百八
十三丈二尺補修添拋整齊以衛湖埕除選用
舊石外估需例帮價銀九千二十九兩零又該
廳嶧滕二汛運河西岸湖面原拋碎石坦坡衛

護埕工最關緊要因歷被風浪撞掣間多蟄陷塌卸茲擇其埕單犯風迎溜險要之嶧字十二號滕字五號十二號殘缺工三段湊長五百五十九丈添拋碎石三成補還舊坦估需例帮二價銀五千二百一十九兩零北路捕河上河二廳屬各汛官埕原為攔禦伏秋長水保衛田廬

因歷經汶運各河水勢異漲風浪撞擊已屆殘
缺不堪兼之連年黃水穿運浩瀚奔騰急溜汕
刷各工殘塌之處愈多其渾流分注運河河身
逐漸淤高堤岸益形卑矮均須擇要帮培方資
捍衛茲捕河廳原估應修東平壽東陽穀等汛
險要官堤八段湊長一千一百三十八丈連填

坑塘估需土方銀七千六十六兩零續估東平
陽穀二汛應修殘缺堤工六段湊長八百七十
丈連填坑塘估需土方銀五千二百一兩零上
河廳原估聊城堂博二汛殘塌官堤十二段湊
長一千七百八十一丈連填坑塘估需土方銀
八千二百七十五兩零續估聊堂二汛應修險

要堤工六段共長六百五十八丈連填坑塘估
需土方銀二千六百二十一兩零又臨清閘外
衛河埽壩向係間年擇要估修歸入奏案辦理
不准另請錢粮茲查上河廳屬臨清汛衛河西
岸鉄窓戸挑水壩一道下接防風一段下河廳
夏津汛衛河西岸渡口驛磨盤埽二道護埽一

段甲馬營汛恩縣四夏庄挑水坝二道護埽一
段德州汛衛河東岸第九屯磨盤埽一道護埽
一段均數載未修歷經汛水盛漲撞擊搜淘舊
埽朽底塌盡亟應分別拆廂完整以資保堤衛
民連節省八束估需工料銀四千六百九十四
兩零以上十一案共計銀八萬二千五百餘兩

經臣督飭運河道敬和節次駁飭刪減委無虛
浮茲據分案稟請具
奏前來復查所估各工實係必不可緩統計銀數
非但較例定不出十萬兩大有撙節即較上年
准辦之數亦多節減且按五銀五鈔給領較之
從前全用實銀者尤有區別現估之工均為捍

禦伏秋汛漲已由道廳多方設法挪措墊辦並

以捐輸之項核發湊用早經興修因濟甯色封

為賊所阻運河公文躭遲三月之久現甫送到

是以具

奏較遲仰懇

天恩俯念運河估修工程攸關衛民禦賊至為緊要

勅下山東撫臣行司將五成實銀迅速籌款分次撥交運
河道庫分別歸款找發俾免貽悞　臣當嚴飭該
道將辦竣各工核實驗收如有草率偷減立即
稟揭請叅着賠斷不敢姑容以重
帑項仍俟運河道驗工具報到日核繕清單恭呈
御覽所有請修運河五廳湖河土石堤工埽壩緣由

理合恭摺具
奏伏乞
皇上聖鑒訓示謹
奏咸豐十一年九月初十日具
奏於十月初六日奉到
軍機處贊襄政務王大臣奉
旨該部議奏欽此

初十二

奏稿

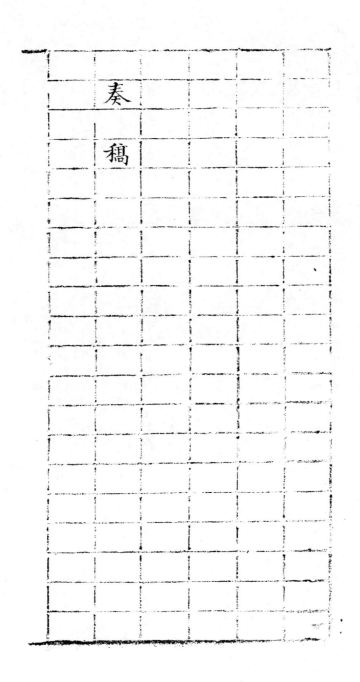

奏為查明二三四五六月各湖存水尺寸分繕清
單恭摺彚
奏仰祈
聖鑒事竊照嘉慶十九年六月内欽奉
上諭湖水所收尺寸每月查開清單具奏一次等因欽

此所有本年正月分湖水尺寸業經臣繕單

奏報在案伏查運河兩岸八湖水勢消長尺寸向

係每月據運河道之稟核奏清單前因春間皖

捻竄擾東境於運河上下往來搶渡迨夏間每

東教匪會匪蠢動到處蔓延自東來豫各路均

為賊阻臣濟署色封來工勉延時日各湖存水

未據運河道按月稟報曾經附片
奏明俟道路疏通併案奏報亦在案玆據運河道
敬和將積存運河公文先行專差設法繞道賫
送前來內二三四五六月湖水尺寸同時稟到
復查每月奏報湖水向將尺寸實敘於摺內今
併案彙

奏若將湖水尺寸亦逐月敍明未免繁冗因思各
湖存水及比較尺寸均於每月清單內開列摺
內應請毋庸重複聲敘嗣後如按月奏報仍照
舊案辦理惟查各湖水勢並無來源專恃收納
伏秋雨水以資瀦蓄本年東省瀕河一帶得雨
較稀以致湖水未能收足而攔禦捻匪又賴各

湖之水不時宣放灌入牛頭等河以阻賊踪延
須相機節宣若有放無收聽其敞板虛消一經
乾涸轉致冬春無水可放所關非細臣當隨時
嚴飭道廳妥為經理相機節蓄凡有可以攔蓄水勢之處
竭力籌辦斷不任稍有怠忽以仰副
聖主重潴衛民之至意所有二三四五六月各湖存

水尺寸謹分繕清單恭摺彙
奏伏乞
皇上聖鑒謹
奏
咸豐十一年九月初十日具
奏於十月初六日奉到

軍機處贊襄政務王大臣奉
旨知道了單五件併發欽此

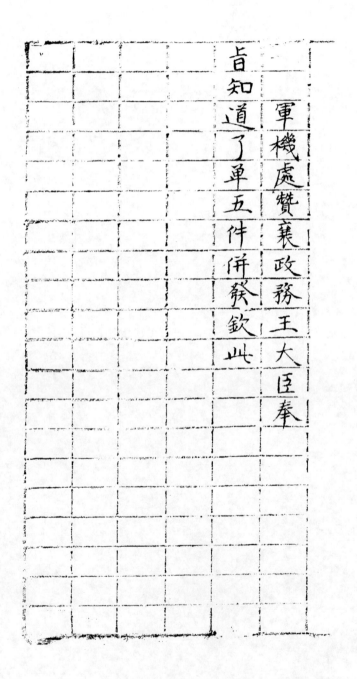

謹将咸豐十一年二月分各湖存水實在尺寸
逐一開明恭呈
御覽
運河西岸自南而北四湖水深尺寸
一微山湖以誌椿水深一丈二尺為度先因湖
底淤墊三尺不敷濟運奏明收符定誌在一

丈四尺以內又因豐工漫水灌注量驗湖底
復受新淤二尺七寸奏奉
上
諭加汛一尺以誌樁存水一丈五尺為度本年正月
分存水一丈四尺二月內消水二寸寔存水
一丈三尺八寸較十年二月水大一尺七寸
一昭陽湖本年正月分存水四尺二月內消水

一寸寔存水三尺九寸較十年二月水勢相
同
一南陽湖本年正月分存水二尺八寸二月內
消水一寸寔存水二尺七寸較十年二月水
大二寸
一南旺湖本年正月分存水五尺三寸三分二

月内消水二寸五分寔存水五尺八分較十
年二月水小四寸四分
運河東岸自南而北四湖水深尺寸
一獨山湖本年正月分存水五尺二寸二月内
消水二寸寔存水五尺較十年二月水大二
寸

一馬場湖本年正月分存水五尺二寸六分二
月內長水三分寔存水五尺二寸五分較十
年二月水大一尺五分
一蜀山湖定誌収水一丈一尺為度本年正月
分存水七尺二寸六分二月內消水二寸八
分寔存水六尺九寸八分較十年二月水小

一尺四寸七分

一馬踏湖本年正月分存水六寸八分二月內
長水二寸七分寔存水九寸五分較十年二
月水小四尺二寸五分

謹將咸豐十一年三月分各湖存水寔在尺寸
逐一開明恭呈
御覽
運河西岸自南而北四湖水深尺寸
一微山湖以誌樁水深一丈二尺為度先因湖
底淤墊三尺不敷濟運奏明收符定誌在一

丈四尺以内又因豐工漫水灌注量驗湖底
復受新淤二尺七寸奏奉
上諭加汲一尺以誌樁存水一丈五尺為度本年二月
分存水一丈三尺八寸三月内消水二寸寔
存水一丈三尺六寸較十年三月水大二尺
二寸五分

一昭陽湖本年二月分存水三尺九寸三月內
消水一寸寔存水三尺八寸較十年三月水
大一寸
一南陽湖本年二月分存水二尺七寸三月內
消水一寸寔存水二尺六寸較十年三月水
大三寸

一南旺湖本年二月分存水五尺八分三月内
消水三寸寔存水四尺七寸八分較十年三
月水小五寸，

運河東岸自南而北四湖水深尺寸

一獨山湖本年二月分存水五尺三月内消水
一寸寔存水四尺九寸較十年三月水大三

寸
一馬場湖本年二月分存水五尺二寸五分三
月内長水五分定存水五尺三寸較十年三
月水大一尺一寸三分
一蜀山湖定誌汊水一丈一尺為度本年二月
分存水六尺九寸八分三月内消水三寸三

分寔存水六尺六寸五分較十年三月水小
一尺七寸四分
一馬踏湖本年二月分存水九寸五分三月內
水無消長仍存水九寸五分較十年三月水
小四尺二寸五分

謹將咸豐十一年四月分各湖存水實在尺寸
逐一開明恭呈
御覽
運河西岸自南而北四湖水深尺寸
一微山湖以誌樁水深一丈二尺為度先因湖
底淤墊三尺不敷濟運奏明收符定誌在一

丈四尺以內又因豐工漫水灌注量驗湖底
復受新淤二尺七寸奏奉
上諭加收一尺以誌樁存水一丈五尺為度本年三月
分存水一丈三尺六寸四月內消水一寸實
存水一丈三尺五寸較十年四月水大二尺
四寸

一昭陽湖本年三月分存水三尺八寸四月內
水無消長仍存水三尺八寸較十年四月水
大九寸
一南陽湖本年三月分存水二尺六寸四月內
水無消長仍存水二尺六寸較十年四月水
大一尺一寸

一南旺湖本年三月分存水四尺七寸八分四
月内消水一寸八分實存水四尺六寸較十
年四月水大一尺六寸
運河東岸自南而北四湖水深尺寸
一獨山湖本年三月分存水四尺九寸四月内
水無消長仍存水四尺九寸較十年四月水

大一尺一寸

一馬場湖本年三月分存水五尺三寸四月內消水二寸實存水五尺一寸較十年四月水大三尺

一蜀山湖定誌收水一丈一尺為度本年三月分存水六尺六寸五分四月內消水四寸四

分實存水六尺二寸一分較十年四月水大
三寸二分
一馬踏湖本年三月分存水九寸五分四月内
長水一尺一寸五分實存水二尺一寸較十
年四月水小一尺八寸四分

謹將咸豐十一年五月分各湖存水實在尺寸
逐一開明恭呈
御覽
運河西岸自南而北四湖水深尺寸
一微山湖以誌樁水深一丈二尺為度先因湖
底淤墊三尺不敷濟運奏明收符定誌在一

丈四尺以内又因豐工漫水灌注量驗湖底
復受新淤二尺七寸奏奉
上諭加收一尺以誌樁存水一丈五尺為度本年四月
分存水一丈三尺五寸五月内水無消長仍
存水一丈三尺五寸較十年五月水大二尺
四寸

一昭陽湖本年四月分存水三尺八寸五月內
消水五寸實存水三尺三寸較十年五月水
大七寸
一南陽湖本年四月分存水二尺六寸五月內
消水三寸實存水二尺三寸較十年五月水
大一尺一寸

一南旺湖本年四月分存水四尺六寸五月內
消水六寸實存水四尺較十年五月水大一
寸五分

運河東岸自南而北四湖水深尺寸

一獨山湖本年四月分存水四尺九寸五月內
消水一尺二寸實存水三尺七寸較十三

月水大二寸
一馬場湖本年四月分存水五尺一寸五月內
長水一寸八分實存水五尺二寸八分較十
年五月水大二尺五寸八分
一蜀山湖定誌收水一丈一尺為度本年四月
分存水六尺二寸一分五月內消水五寸七

分實存水五尺六寸四分較十年五月水小
八寸六分
一馬踏湖本年四月分存水二尺一寸五月內
消水六寸三分實存水一尺四寸七分較十
年五月水小二尺六寸六分

謹將咸豐十一年六月分各湖存水實在尺寸

逐一開明恭呈

御覽

運河西岸自南而北四湖水深尺寸

一微山湖以誌樁水深一丈二尺為度先因湖

底淤墊三尺不敷濟運奏明收符定誌在一

丈四尺以內又因豐工漫水灌注量驗湖底
復受新淤二尺七寸奏奉
上諭加收一尺以誌樁存水一丈五尺為度本年五月
分存水一丈三尺五寸六月內長水三寸實
存水一丈三尺八寸較十年六月水大九寸
一昭陽湖本年五月分存水三尺三寸六月內

長水一尺五寸實存水四尺八寸較十年六
月水小三寸
一南陽湖本年五月分存水二尺三寸六月内
長水一尺五寸實存水實存水三尺八寸較
十年六月水小一寸
一南旺湖本年五月分存水四尺六月内消水

一寸二分實存水三尺八寸八分較十年六
月水小三尺五寸二分

運河東岸自南而北四湖水深尺寸

一獨山湖本年五月分存水三尺七寸六月内
長水一尺五寸實存水五尺二寸較十年六
月水小一尺四寸

一馬場湖本年五月分存水五尺二寸八分六月内消水三分實存水五尺二寸五分較十年六月水小一尺八寸五分

一蜀山湖定誌收水一丈一尺為定本年五月分存水五尺六寸四分六月内消水一寸二分實存水五尺五寸二分較十年六月水小

四尺一寸八分

一馬踏湖本年五月分存水一尺四寸七分六

月内消水二寸八分實存水一尺一寸九分

較十年六月水小三尺六寸二分

三本

奏稿

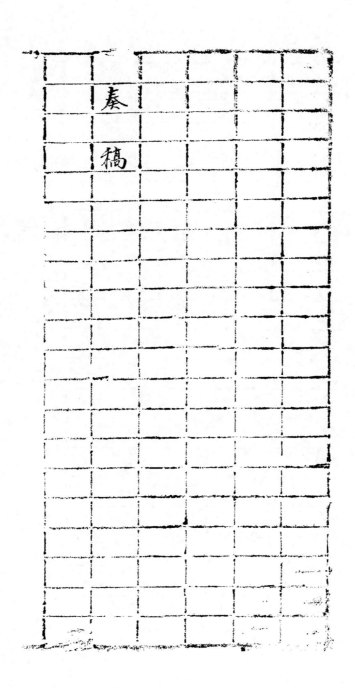

奏為東省運河道八次捐輸核明各官生應請官
階繕具清單奏懇
天恩獎叙
勅部速議給照仰祈
聖鑒事竊照東河修防錢粮向以司庫為來源近年

因司庫廹於軍餉未能按時撥發積欠較多道
庫存欵墊發早空凡遇工需緊急深虞短絀貽
悮 臣長駐豫省當黃河水長工險之際尚可隨
時就近諮商撫 臣藩司撥銀搶辦惟運河廳修
急工之費近因東境各路用兵需餉浩繁一時
未能兼顧河工其各州縣額解道庫河銀又以

爲賊蹂躪征解不前除勸捐湊用之外別無良
策而東河捐輸自奉部改用七銀三鈔以來較
之京銅局及豫省報捐餉票多寡懸殊官生孰
肯舍少就多久無遞呈上兑之人前因黃河支
款係三銀七鈔捐輸須七銀三鈔固各官生所
不願者而運河支款係五銀五鈔捐輸僅多現

銀二成似可辦理況各該廳連年挪墊之款司
庫既未能撥還與其日久懸宕不如報効輸將
究可仰邀
恩
叙即報捐之人不願出七銀三錢者亦令仿照京
銅局及豫首餉票折減上兑雖其中廳員文有
喫虧而藉得此微現銀可以彌補積欠再行抵

亦屬易易

墊辦理新工當此時艱餉絀不得不作此權宜
之計是以運河捐輸設法招徠尚屬踴躍茲據
運河道敬和將八次捐輸各員按照現行常例
籌餉新例接展條款酌減銀數核明應請官階
詳請具
奏前來臣逐加覆核計同知職銜加捐道銜李聯

洋等六十三員名共捐銀三萬七千一百七十
九兩均與例相符謹繕清单恭呈
御覽仰懇
恩施奬叙
勅部速議給照用昭激勸俾各官生觀感奮興可期
源源而來其報捐貢監生及從九品職銜執照

即將臣前請領發到空白執照填給至此次所
捐之銀均照七銀三鈔作收按五銀五鈔由道
陸續核發各廳湊作工用及前墊要款係隨收
隨發道庫並無餘賸除飭將抵款冊赶緊造送
核咨並將先送到各官生履歷冊分別咨部外
為此恭摺具

奏伏乞
皇上聖鑒訓示謹
奏
咸豐十一年九月初十日具
奏於十月初六日奉到
軍机處賛襄政務王大臣奉

旨戶部核議具奏單併發欽此

運河道八次捐輸員名銀数清単

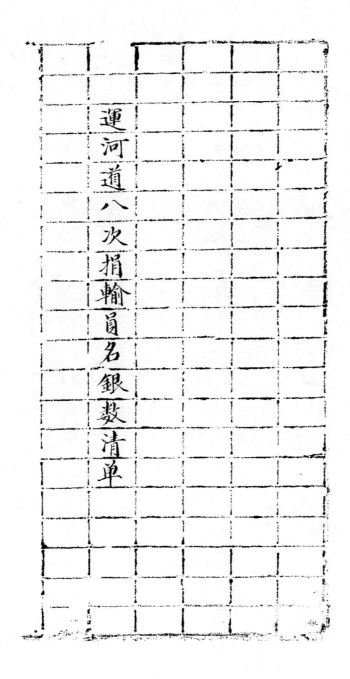

謹将山東運河道八次收捐各捐生員名銀九
並所請官階繕具清單恭呈
御覽
同知銜李聯洋捐銀二千五百九十九兩請給
、予道員職銜
廪生王儀恂捐銀七千一百五十九兩請作為

貢生以員外郎免保舉分部學習行
走歸籌餉新例不論雙单月補用
現任兗州府加河同知朱懋瀾捐銀三千九百
二十四兩請以知府歸籌餉新例雙
月在任候選並加四級請給子祖父
母父母從二品

封典並請將本身暨妻室應得
封典
貤封曾祖父母
特用同知東河候補州同王學澍捐銀七千七
、百五十七兩請以同知照籌餉例仍
留東河歸入候補班內補用並加知

府陞銜加四級請給予祖父母父母
生母從二品
封典並將本身暨妻室應得
封典
貤封曾祖父母
山東候補知縣趙惟崐捐銀六百二十三兩

、加同知陞銜
東河本班前先用通判蕭湘捐銀九百二十一
、兩請加同知陞銜
署山東曹州府曹單通判陳嗣良捐銀三百四
、十六兩請加塩提舉陞銜
布政司理問職銜李承楷捐銀一千三百六十

、兩請給予同知職銜
一從九品職銜王應陞捐銀二百六十四兩請作
、為監生加布政司理問職銜
山東濟甯直隸州俊秀陳幼褒捐銀三百二十
、八兩請作為監生加布政司里問職
銜

從九品職銜齊鴻基捐銀二百六十四兩請
、為監生加州同職銜
直隷清苑縣俊秀張廣霖捐銀一千八百一十
、六兩請作為監生以鹽課大使歸籌
餉新例補用
雙月候選知縣王樹捐銀一千二百八十七兩

、請以盐課大使分發山西歸籌餉新
一
例補用
江西清江縣俊秀王倬章捐銀九百三十一兩
、請作為監生以縣丞歸籌餉新例不
論雙單月選用
六品頂翎監生閆克顯捐銀五百六十二兩

、以縣丞歸籌餉新例雙月選用仍
六品頂翎
監生王彪捐銀二百八十八兩請給予翰林院
、待詔職銜
不論雙單月即選訓導馮曰麒捐銀一百四兩
、請以訓導分發本省歸籌餉新例不

論雙單月補用

監生李為元捐銀五百六十二兩請以縣主簿

、歸籌餉新例不論雙單月選用

江蘇金匱縣俊秀顧世棠捐銀一千三十一兩

、請作為監生以未入流分發艮河免

其補額歸籌餉新例分缺先班補

江蘇陽湖縣俊秀楊壽昌捐銀五百七十二
、請作為監生以未入流分發東河歸
籌餉新例不論雙單月補用
武生張龍閣捐銀五百二十五兩請以營千總
、分發東河河標補用
山東濟甯直隸州俊秀張敬舉捐銀二百五十

、六兩請作為監生加營千總職銜

、山東歷城縣俊秀賈超捐銀四百九十二兩請

、作為武監生以營千總歸籌餉新例

分發本省拔補

山東鉅野縣俊秀畢慶篤捐銀八十八兩

山東濟甯直隸州俊秀李東岩捐銀八十八

山東濟甯直隸州俊秀梅學敏捐銀八十八兩

山東魚臺縣俊秀随朝重捐銀八十八兩

江蘇常熟縣俊秀邵玉祥捐銀八十八兩

山東滕縣俊秀張成紀捐銀八十八兩

山東滕縣俊秀殷鐸昌捐銀八十八兩

山東濟甯直隸州俊秀李為瑜捐銀八十八兩

安徽潛山縣俊秀姜恩陞捐銀八十八兩
山東濟甯直隸州俊秀暢寶坪捐銀八十八兩
山東濟甯直隸州俊秀劉德庸捐銀八十八兩
山東濟甯直隸州俊秀林茂桐捐銀八十八兩
江蘇武進縣俊秀張瑾捐銀八十八兩
山東濟甯直隸州俊秀汪炳麟捐銀八十八兩

山東濟甯直隸州俊秀劉吉庸捐銀八十八兩

山東濟甯直隸州俊秀劉宗毅捐銀八十八兩

山東濟甯直隸州俊秀李仲田捐銀八十八兩

山東濟甯直隸州俊秀李汝田捐銀八十八兩

山東濟甯直隸州俊秀李汝昀捐銀八十八兩

江蘇清河縣俊秀陸壽齡捐銀八十八兩

江蘇常熟縣俊秀邵寶宗捐銀八十八兩
安徽桐城縣俊秀王法詳捐銀八十八兩
山東濟甯直隸州俊秀胡克俊捐銀八十八兩
山東濟甯直隸州俊秀張永寅捐銀八十八兩
山東濟甯直隸州俊秀杜兆蘭捐銀八十八兩
江西清江縣俊秀聶朝矩捐銀八十八兩

山東濟甯直隸州俊秀劉承立捐銀八十八兩

以上二十七名均請給予監生

山東魚臺縣俊秀王松蔭捐銀六十四兩

山東滕縣俊秀張淑立捐銀六十四兩

山西鳳臺縣俊秀張炳文捐銀六十四兩

山東滕縣俊秀姚桂捐銀六十四兩

山東滕縣俊秀李善友捐銀六十四兩
山東滕縣俊秀張蘭芳捐銀六十四兩
山東滕縣俊秀張玉珉捐銀六十四兩
山東滕縣俊秀殷閏昌捐銀六十四兩
山東濟甯直隷州俊秀李幼元捐銀六十四兩
山東濟甯直隷州俊秀唐錫齡捐銀六十四

山東濟甯直隸州俊秀劉幹亭捐銀六十四兩

山東濟甯直隸州俊秀黃怡經捐銀六十四兩

山東濟甯直隸州俊秀徐利乾捐銀六十四兩

以上十三名均請給予從九品職銜

為移會事同治元年正月十三日准
戶部咨捐納房案呈本部議覆東河河道總督
黄　奏東省運河道八次捐輸請奬一摺咸
豐十一年十二月二十四日具奏本日奉
旨依議欽此欽遵相應抄錄原奏清單飛咨東河河
道總督可也粘单内開

戶部謹
奏為遵
旨核議事河東河道總督黃　奏東省運河道八
次捐輸請獎一摺咸豐十一年九月二十日奉
旨戶部核議具奏単併發欽此欽遵由內閣抄出到
部據原奏內稱竊查黃河支款係三銀七鈔捐

輸須七銀三釥固各官生所不願而運河支款
則係五銀五釥以七銀三釥核計捐輸僅交現
銀二成似可辦理況各該廳連年挪墊之款司
庫既未能撥還與其日久懸宕不如報効輸將
究可仰邀
恩敘即報捐之人不願七銀三釥亦令仿照京餉

及豫省餉票折減上兑雖其中廳員吃虧而藉[illegible]
些微現銀可以彌補積欠當此時艱餉絀不得
不作此權宜之計是以運河捐輸設法招徠亦
當踴躍茲據運河道敬和將八次捐輸各員按
照現行常例籌餉新例接展條款酌減銀數核
明應請官階詳請具奏前來臣逐加覆核計同

知職銜加捐道銜李聯洋等六十三名共捐銀
三萬七千一百七十九兩均與例相符謹繕清
单恭呈
御覽仰懇
恩施獎敘
勅部速議給照其報捐貢監生及從九職銜執照外

將臣前請須到空白執照填給至此次所捐之
銀均照七銀三鈔作收按五銀五鈔由道陸續
核給各廳湊作工用及彌補前墊要款係隨收
隨發道庫並無餘賸除飭將抵款冊趕緊造送
核咨並將先送到各官生履歷冊分別咨部等
語臣等伏查山東運河道捐輸河工經費自臣

部奏令按銀七釦三收捐後已據黃 將七
次捐輸各員奏請獎敘在案茲據該督以運河
道第八次捐輸李聯洋等六十三員名共捐銀
三萬七千一百七十九兩開单具奏請獎並造
冊咨部前來臣等督飭司員逐一查核今李聯
洋等六名或捐項不敷或聲敘未清另行核辦

又畢慶篤等四十名捐項符合業由該督填給
空白執照給發外其餘趙惟崐等十七名所請
獎敘核其銀數均與例案相符謹繕清單恭呈
御覽如蒙
恩准給獎臣部移咨吏兵二部迅繕執照頒發給領
至該運河道需用河工經費奏定銀鈔各半支

發而收捐之項係銀七鈔三抵撥工需尚餘銀
二成應令赶緊造冊送部查核毋再遲延致滋
含混所有臣等核議緣由謹繕摺具奏伏乞
皇上聖鑒謹
奏
計開

李聯洋同知銜捐銀二千五百九十九兩請〻
予道員銜該員同知銜係於何年何
案報捐應令聲明
王儀恂廩生捐銀七千一百五十九兩請作為
貢生以員外郎分部學習行走並免
保舉該員應補交廩監生四成實銀

到日再行核辦

朱懋瀾兗州府洳河同知捐銀三千九百二十

四兩請以知府雙月在任候選並加

四級給予祖父母父母從二品

封典將本身妻室應得

封典貤封曾祖父母該員欠免保舉銀九百六十兩

並應補交監生四成實銀
王學澍特用同知東河候補州同捐銀七千七
百五十七兩請以同知仍留東河補
用並加知府升銜加四級給予祖父
母父母生母從二品
封典將本身妻室應得

封典貤封曾祖父母該員欠加五離任實銀二百八
十三兩又應加倍半捐封欠實銀二
百七十兩均令補交
張廣霖俊秀捐銀一千八百一十六兩請作為
監生以鹽課大使補用該員應照新
章赴京銅局捐免保舉並應補交[illegible]

生四成實銀

馮曰麒即選訓導捐銀一百四兩請以訓導分

發補用該員應補捐貢生並應補足

兩班計欠銀二百六十兩

奏為黃河上游兩岸各廳工程疊經水漲搶援防護平穩節
交霜降恭報安瀾仰祈
聖鑒事竊照本年黃河水勢節次盛漲各工奇險疊
出督飭搶辦情形均經臣隨時具
奏在案伏查河防修守首重安瀾當伏秋汛內水

長工險之時安危繫於呼吸若料物錢糧不能
應手廂拋則貽悞大局所關非細近年因司庫
支絀河工例撥之款未能寬發積欠較多以致
工需萬分竭蹶均經臣督飭道廳向鋪商富户
多方挪措湊用本年沁黃來源長水較旺勢極
猛驟連經三次盛漲兩岸奇險疊出分投搶廂

保護已慮不遑追白露前後中河廳三堡並下
三堡復同時塌堤出險搶帮後戧購料雇護用
項較繁錢糧既已短絀且值捻匪沿堤竄擾到
處焚搶人夫星散幾致未能措手幸撫臣嚴
在省深知河防緊要每經臣向商錢糧無不
立飭藩司籌撥接濟尚資應手並於八月間會飭臣標

中軍副將黄得魁帶領川楚勇前赴中河工次
彈壓將零星股匪擊退招集人夫運料上堤得
以施工仰賴
皇上福庇次第克臻平定除該兩處幫堤還堤亟應
辦理之工俟由道督廳核實撙節估計剋日臣
会同撫臣
當親往復勘會商撫臣行司籌款發辦外查新

護之帑加廂尚不能停手而自上次皖捻且棻
後日前又有東省長鎗會匪被擊西竄沿塗焚
殺慘不可言並據陳留杞縣睢州等處馳稟匪
現又經撫臣派兵前往中河截剿以資保護工程
捻股匪復向西犯民不聊生何能辦工所幸往
~~現又經撫臣派~~
後水小溜弱不致再出奇險俟賊匪擊退臣當
督飭道廳詳審中河新工形勢將實在緊要者

酌量補修可緩者至來年辦理以期用省得當

現在兩岸堤修守一律平穩節交霜降河流順軌

安瀾誌慶臣与撫臣感蒙

聖德

神庥即各親詣省城

河神各廟潔虔祀謝通工員弁兵夫莫不歡聲鼓

以為當險出殘援之際得以轉危為安

舞臣欣幸之餘倍深敬畏查長水尚未全消仍
飭各廳營照常慎防不任稍有鬆懈至在工文
武員弁修防係分內之事沿河各府州縣亦例
應協防即有微勞何敢仰乞
恩施惟當水長工險之際無間風雨晝夜下臨不測
深淵晝夜搶辦是以河工勞績向比軍營每年霜降安瀾

後例得擇尤請保以示鼓勵臣因未敢歲歲請
獎曾於上年奏明存記仰蒙
大行皇帝硃批覽奏均悉本年搶險防渡出力各員着
暫行存記俟明歲秋汛安瀾後再為察看欽此欽遵
在案除防渡人員臣前將防河事宜移交聯捷
接管後已遵

旨酌保業蒙
飭部議奏外所有搶險各員已歷兩載辛勞況本年
長水大於上數年工程亦倍形危險自夏徂秋
始則河北土匪滋沿河各縣肆擾既而皖捻會
匪滋南岸兩犯沿堤焚搶各道廳以及文武員
弁於干戈擾攘之中不避艱險得將緊要各工

搶辦平穩而統計用數仍較上年節減非尋常
出力可比若不予以獎敘不足以鼓勵通工
否擇其尤為出力者酌保臣未敢擅便仰候
訓示祇遵所有黃河霜降安瀾緣由理合會同河南
撫臣嚴　恭摺循例由驛具
奏伏乞

皇上聖鑒謹
奏
咸豐十一年九月二十日具
奏於十月初二日奉到
軍機處贊襄政務王大臣奉
旨准其擇尤酌保數員毋許冒濫欽此

再
臣於本年二月內因連歲駐防河岸積受潮溼兩骸酸痛頭重目眩又聞南北軍情棘手憤懣焦灼肝火上升遂患鼻衄奏蒙
大行皇帝賞假一月調理旋因大汎瞬屆修防緊要捻匪復不時竄擾豫疆時事多艱不敢稍耽安逸即經

奏請銷假各在案詎料伏秋汛內黃水節次異漲
各工奇險疊出兼之皖捻會匪屢次兩竄沿隄
焚掠既慮錢粮不能應手又恐人夫星散難以
施工於干戈擾攘之中督飭道廳設法搶辦平
定以致心力交瘁並因八月初間逆捻竄撲汴
垣其時撫臣尚未到省臣登陴督同司道布置

守城堵剿事宜露處数夜復親上砲台閱視挫跌傷腰臂腿麻木牽動舊病增劇赶服去傷平肝之藥未見輕減正值中河廳搶辦險工不敢遽行請假現已霜清事務較簡而精神益形委頓據醫生云非靜攝不能見痊合無仰懇

天恩

賞假一月俾可安心調治其河督衙門公事仍當照
常辦理如遇捻匪竄近省城緊急臣亦必勉力
支持協同撫臣籌辦堵禦斷不敢稍分畛域為
此附片具
奏伏乞
聖鑒訓示謹

奏
咸豐十一年九月二十日附
奏於十一月初二日准
兵部火票遞到原摺奉到
軍機處賛襄政務王大臣奉
旨著賞假一月調理欽此

奏為遵
旨查明防汛搶工堵禦捻匪尤為出力人員秉公酌
保仰祈
聖鑒事竊臣前因節交霜降恭報安瀾摺內附請獎
敘出力人員奉

旨准其擇尤酌保数員毋許冒濫欽此仰見
聖主微勞必録鼓勵臣工欽感服膺莫能名狀伏念
河防修守攸關
國計民生當水長工險安危繫於呼吸之時全賴
羣策羣力晝夜廂抛一氣呵成方能保護無虞
本年來源異常勤旺黃河節次盛漲兩岸險工

疊出幾致搶辦不遑況值錢粮萬分支絀司撥
不寬修費未能應手而又斷不能坐視貽悞　臣
殫竭愚誠勸諭道廳多方挪措湊用仍飭於慎
重工程之中力籌撙節迨八九兩月上南中河
祥河三廳復出奇險甚至中河廳三堡並十三
堡同時塌埽潰隄正在分投搶帮後戧購料廂

護適值皖捻會匪兩次於長隄往來焚搶殺戮人夫星散未能施工其勢岌岌可危經臣與撫臣派委河標中軍副將黃得魁帶領州川楚勇前往防劉道廳營汛委員於干戈擾攘之際一面協同堵禦一面招集人夫運集料土得將各工搶護平穩昔人以河工搶險比之軍營本年則

搶險禦賊同時並舉苟非奮不顧身冒險從事
何能轉危為安所是本年以營汛中有因禦賊陣亡者不[illegible]
經　臣　奏蒙
優卹在案其出力人員實非他年僅止防汛可比至
沁河修守與黃河並重本年沁水伏秋期內亦
多盛漲有四五時驟長九尺餘寸之日而沁隄

多年未修每遇過水漫淹為患幸賴河北道督
飭該管府縣隨時竭力搶護克保無虞均不便
没其微勞惟人數較多何敢稍涉冒濫除禦賊陣亡人員并前經另奏懇
聖恩飭部優卹外謹擇其
尤為出力灼見真知者繕具名单恭呈
御覽仰懇
天恩准予獎敘以勵通工而資觀感洵於河防有裨

再管河各道霜降安瀾後例得附請議敘外現

任開歸道德蔭河北道王棨第禦賊修防勞績

最著臣等另片奏乞

恩施外其查前署開歸道王憲熟諳機宜辦事實心上

年督防大汛安瀾本年又歷半載勤勞倍著前

署河北道河陝汝道廣隆才具明練督屬有方

廿

并懇請

交部從優議敘所有遵

旨查明防汛搶工堵禦捻匪尤為出力人員理合束

公酌保伏乞

皇上聖鑒訓示謹

奏

咸豐十一年十月二十五日具
奏於十一月二十六日奉到
議政王軍机大臣奉
旨另有旨欽此

咸豐十一年十一月初六日奉

上諭黃　奏遵保搶險禦賊出力各員開單請獎一摺本年東河險工迭出又值皖捻會匪兩次焚搶在事文武各員搶護隄工堵禦搶匪尚屬著有微勞自應量予鼓勵前署開歸道河南開封府知府王憲前署河北道河陝汝道廣隆均著交部從

優議叙知府用同知德鈞著賞加道銜何基祺著
以知府歸本班前補用仍在任候補睢甯通判汪
青藜著以同知即補仍在任候補分缺先用同知
周廣檝著俟補缺後以河南知府用儘先同知陳
丙昌著不論班次酌量補用知縣李德坊著以直
隸州知州用仍在任候補大挑知縣借補州判劉

篆丹著開缺以同知仍留東河補用蕭日藻經歷
孔廣電均著開缺以知縣歸河南地方大挑本班
前補用縣丞龔雍聲著開缺以知縣歸河南地方
候補班前補用守備曹映科著賞加都司銜另片
奏道員修防出力懇請獎敘等語升任河南按察
使前任河北道王榮第著交部從優議敘開歸道

德蔭著賞加按察使銜該部知道单片併發欽此

謹将防汎搶工尤為出力人員繕具清単恭呈
御覧
懐慶府知府張景蕃老成穏練本年沁河水勢
叠次異漲督属修防並協防黄河工程均
臻妥協勤労倍著請以道員用仍在任候
補

河南知府用花翎上南河同知德鈞在任多年
搶辦險工歷久弗懈且機宜諳練用省工
堅請加道銜
知府用下南河同知何基祺所管黑堽一工為
省城保障每遇水長工險晝夜住隄搶辦
不辭勞瘁保護無虞請以知府歸本班前

補用仍在任候補
運同銜雎甯通判署黃沁同知汪青藜修防黃
沁兩河工程往來搶辦料理裕如免生巨
險請以同知即補仍在任候補
知府銜藍翎分缺先用同知委署中河通判周
廣樾節次搶辦中河廳險工均值搶匪沿

隄肆擾冒險從事不避艱危得免貽悞請
補缺後以河南知府用
知府用藍翎儘先同知陳丙昌辦事勤幹每遇
各廳出險派往幫同搶辦異常出力且熟
諳修防請不論班次酌量補用
知州銜調署武陟縣知縣濬縣知縣李德坊每

當沁河水長工險往來沁隄修守防護並
協防黃河工程俱能保護平穩請以直隸
州用仍在任候補
大挑知縣借補臨清州州判劉篆丹明白工程
調赴祥河廳協防大汛隨同廳營搶辦險
工不遺餘力倍著辛勞請開缺以同知仍

留東河補用
大挑知縣借補鄭州州判蕭日藻連年隨同廳
營搶辦本汛險工始終得力平日留心吏
治
大挑知縣洛補儀封經歷孔廣電委赴有河各
廳協防每遇水長工險往來長隄巡查防

護勤勞較著冬春在省當差明白地方情
形
以上二員均請開缺以知縣歸河南地
方大挑本班前補用
滋升中牟下汛縣丞龔雍聲在工年久巡防勤
奮每歲搶辦險工催料催土並無遲悞且

隨時講求吏治請開缺以知縣歸河南地
方候補班前補用
中河協辦守備曺映科熟諳鑲埽能耐勞苦連
年搶辦險工得力請加都司銜

再河南開歸河北二道專管修防不獨督辦工
程須合機宜且支發錢粮尤應詳慎句稽方能
無悞無糜現任開歸道德蔭河北道王榮第自
春間及伏前到任後深知河防緊要而經費支
絀每當水長工險督飭各廳設法搶辦事事核
實撙節且夏間河北土匪滋事擾及沿河秋間

皖捻會匪兩次沿隄往來上中下三廳悉被焚
搶各該道禦賊修防均能兼顧布置裕如逆匪
既不敢久踞險工亦得保護平穩非往年專事
修防者可比查德蔭才具開展修防明練王榮
第辦事安詳為守兼優俱係出色之員本年險
工雖較多而動用錢粮總數轉較上年節減寔屬

勞績最著可否仰懇
天恩將開歸道德蔭河北道王榮第均
賞加按察使升銜之處恭候
聖裁臣為鼓勵人才起見理合附片
奏請伏乞
訓示祇遵謹

奏

咸豐十一年十月二十五日附

奏於十一月二十六日奉到

議政王軍机大臣奉

旨另有旨欽此 同日於查明防汛搶工堵禦捻匪尤為出力人員秉公酌保摺同奉

上諭一道

再山東運河道敬和經勝　調赴軍營當差所
遺之缺專管湖河收蓄水勢禦攔捻匪並協同
州營籌辦濟甯防堵事務繁要非精明幹練之
員[redacted]不克勝任查有東河候補道宗稷辰老成穩
練辦事實心堪以委令署理除檄飭遵照外理
合附片奏

聞謹
奏
咸豐十一年十月二十五日附
奏於十一月二十六日奉到
議政王軍机大臣奉
旨知道了欽此

上城防守

再臣前因挫跌傷腰牽動舊病奏蒙
恩旨賞假一月調理感激實深一月以來雖日服平
肝理氣之劑未能痊愈緣中河廳十三堡險工
雖適霜清溜力未弱八九兩月迭次遭匯殘毀
仍在塌埽潰隄亟應幫戧鑲護惟錢糧短絀術
乏點金且詳審通工形勢非但中河廳十三堡

臺

應補還大隄即該廳三堡並上南廳來童寨胡
家屯祥河廳十五六堡均須幫戧幫隄以及籌
備修防料物諸應預為赶辦統計需費較鉅深
慮司庫未能撥發在撫臣藩司非不廑念修防
而河工修守總在未雨綢繆藩司每於險生始行發款
且有險生而款尚不發之時
臨渴掘井非但諸多虛費并恐趕辦不及貽悞

全局關係匪輕河臣向不經管錢糧設有不測
黃流南趨完善各州縣被淹賦無所出餉需立
竭且慮捻匪勾結究黎滋事為患更甚而北岸
乾涸無黃河天險可守逆捻北犯路路可通倘
值此景臣上無以對
君父下無以對億萬生靈因此輾轉焦思飲食減少

肝火愈見上升病勢仍未大減然假期已滿時
事多艱何敢稍耽安逸不得不
奏請銷假勉强力疾辦公現已會商撫臣同往中
河等處勘明應修各工應備料物撙節估計飭
司籌款次第發辦臣在任一日必當盡一日之
心如精神難以支持再行據實奏祈

恩施開缺斷不敢戀棧悞公為此附片陳
奏伏乞
聖鑒謹
奏
咸豐十一年十月二十五日附
奏於十一月二十六日奉到

議政王軍机大臣奉

旨知道了欽此

奏為查明七月分各湖存水尺寸謹繕清單仰祈 奏押

聖鑒事竊照嘉慶十九年六月內欽奉

上諭湖水所收尺寸每月查開清單具奏一次等因欽

此所有二三四五六月湖水尺寸業經臣分繕

清單彙

奏在案茲據運河道敬和將七月分各湖存水尺
寸開摺稟報前來臣查微山湖定誌收水在一
丈四尺以內因豐工漫水灌注量驗湖底積受
新淤恐不敷濟運經前河臣李 會同前撫臣
崇 奏奉
上諭加收一尺以誌樁存水一丈五尺為度本年六月

分存水一丈三尺八寸七月內長水一寸實存
水一丈三尺九寸較上年七月水小一寸此外
除獨山一湖長水二寸外其昭陽等六湖消水
自一寸四分至九寸二分計昭陽湖存水四尺
三寸南陽湖存水三尺一寸南旺湖存水二尺
九寸六分獨山湖存水五尺四寸馬場湖存水

五尺一寸蜀山湖存水四尺八寸馬踏湖存水一尺五分以上各湖存水均比上年七月水小自六寸至六尺二寸不等查南路微山獨山二湖因彭口山河及泗河水勢下注稍有增長其昭陽南陽二湖之水因遥達微湖是以見消至北路蜀山南旺二湖全賴伏秋汛漲各閘相機下

板收納汶運兩河之水以資瀦蓄本年因南捻北竄自春徂夏幾無虛日不時啓除芒生利運二閘板塊放水灌注各河防禦賊匪且夏秋雨澤稀少收水不旺以致消耗較多現雖賊氛較遠已將各單閘全行下板而時交冬令來源微弱臣惟有督飭道廳設法辦理凡有可以導水

之處實力疏通以收得寸則寸之益斷不任稍
有怠忽仰副
聖主重瀦衛民之至意所有七月分各湖存水尺寸
謹繕清單恭摺具
奏伏乞
皇上聖鑒謹

奏

咸豐十一年十月二十五日具

奏於十一月二十六日奉到

議政王軍機大臣奉

旨知道了欽此

謹將咸豐十一年七月分各湖存水實在尺寸

逐一開明恭呈

御覽

運河西岸自南而北四湖水深尺寸

一微山湖以誌樁水深一丈二尺為度先因湖

底淤墊三尺不敷濟運奏明以符定誌在一

丈四尺以內又因豐工漫水灌注量驗湖底
復受新漲二尺七寸奏奉
上諭加收一尺以誌椿存水一丈五尺為度本年六月
分存水一丈三尺八寸七月內長水一寸實
存水一丈三尺九寸較十年七月水小七寸
一昭陽湖本年六月分存水四尺八寸七月內

消水尺五寸實存水四尺三寸較十年七月水小六寸

一南陽湖本年六月分存水三尺八寸七月內消水七寸實存水三尺一寸較十年七月水小六寸

一南旺湖本年六月分存水三尺八寸八分七

月内消水九寸二分實存水二尺九寸六分
較十年七月水小四尺七寸九分
運河東岸自南而北四湖水深尺寸
一獨山湖本年六月分存水五尺二寸七月内
長水二寸實存水五尺四寸較十年七月水
小一尺

一馬場湖本年六月分存水五尺二寸五分七月内消水一寸五分實存水五尺一寸較十年七月水小二尺四寸

一蜀山湖定誌收水一丈一尺為度本年六月分存水五尺五寸二分七月内消水七寸二分實存水四尺八寸較十年七月水小六尺

二寸

一馬踏湖本年六月分存水一尺一寸九分七

月內消水一寸四分實存水一尺五分較十

年七月水小三尺二寸七分

為遵
旨議奏事同治元年二月十八日准
工部洛都水司案呈内閣抄出河東河道總督
黄　奏豫省上南廳辦過辛酉年土工驗收
如式核准銀數一摺咸豐十一年九月初六日
奉

旨該部察核具奏欽此據原奏内稱黃河修守以大
隄為根本不獨廂埽抛石賴以憑依即無工之
處攔禦漲水實為生民保障是以從前每歲估
辦土工最為急務本年春間仍照歷屆之案附
片陳明於伏秋汛内察看實有必不可緩之工
臨時搶築具奏在案茲中河廳中牟下汛均急

應郝戧無如道庫無款可墊司庫又未能另撥
俟籌有款項再行估修惟將上南河廳鄭州下
汛十三四堡最為緊要之大隄酌量估郝辦工
二段計長二百丈共土五千六百九十二方因
隔水遶遠選淤備極艱難計例價銀一千二百
二十九兩零津貼銀七百六十二兩零共例津二

價銀一千九百九十餘兩委係實工實用並無
浮冒除由司將墊辦土工方價撥還道庫湊發
工需等因臣等查豫東黃河南北兩岸長隄為
民生保障其加培土工向係按年修辦茲該省
匪衆竄没無常又賴黃河為直省藩籬以禦捻
匪北竄修防最為緊要今該河督因軍務不靖

撥餉浩繁之際擇其尚可停辦者剔除緩修外
其實不可緩之鄭州下汛十三四堡大隄酌量
估邢共需例津二價銀一千九百九十餘兩
如所奏照估興辦造冊送部具題務期工歸實
用款不虛糜如有草率偷減情弊即行指名叅
處其所需銀款應行造報戶部查核所有臣等

議奏緣由理合恭摺具奏伏候
命下臣部行文河東河道總督河南巡撫欽遵辦理
並移咨戶部查照為此謹奏請
旨咸豐十一年十月二十九日奏議政王軍機大臣
本日奉
旨依議欽此為此合咨前去欽遵施行

咸豐十一年十二月二十五日准
禮部咨內閣抄出軍機處贊襄政務王大臣奉
上諭黃　嚴　奏
河神默佑請頒發扁額一摺本年八月間東河南
岸中河廳等處同時塌堤險工迭出適值捻匪沿
堤竄擾經河督等虔誠默禱仰賴

河神默佑得以化險為平朕心實深寅感着發去
御書扁額一面交黃　等祗領敬謹懸挂以答
神庥欽此

為道
旨議奏事同治元年二月十八日准
工部咨都水司案呈內閣抄出河東河道總督
黃　奏東省運泇捕上下五廳湖河土石堤
工埽壩擇要估修以資保衛而重民生一摺咸
豐十一年九月二十日奉

旨該部議奏欽此據原奏內稱東省運河現無南粮
行走而保堤衛民蓄水禦賊関係緊要其殘缺
之工聽其廢棄則伏秋長水旁溢民田被淹且
恐湖河乾涸無水攔賊非寔不可緩者不敢遽
請估修茲查運河泇河捕河上河下河五廳土
石堤工埽垻坍塌蟄陷殘缺卑矮亟應分別拆

廂完整以資保堤衛民共計十一案需銀八萬二千五百餘兩所估各工非但較例大有撙節即較上年准辦之數亦多節減且按五銀五鈔較從前全用寔銀尤有區別等語　臣等查東省運河等五廳土石堤壩各工係漕行往來熏以保衛民舍田廬每年修辦不得過十萬兩今該

河督所估各工需用銀数雖與例定之数有減
惟該處捴以粮艘往来為最要近年南粮仍由
海運該工宜省則省全在管河大臣認真剔除
不得因有成案可循即可援為例定亦不可僅
凴道廳稟报任意估报再本年奏报比較捐内
運河道属用過銀数経 臣部奏請撙寔刪減現

尚未據覆奏相應請
旨飭下該河督勘驗情形分別刪減擇其至要之工
方可估辦俟勘定後迅即一併專摺覆奏再由
臣部酌核辦理所有臣等議奏緣由理合恭摺
具奏伏候
命下臣部行文河東河道總督欽遵辦理並移咨戶

部查照為此謹奏請

旨咸豐十一年十一月十六日奏議政王軍機大臣

奉

旨依議欽此為此合咨前去欽遵施行